Preparation and Application of
Mn-Zn Ferrite Composites

锰锌铁氧体复合材料
制备及应用

张书品 / 著

化学工业出版社

·北京·

内容简介

　　为了解决铁氧体材料在热疗过程中精确控温、稳定恒温和均匀分散的问题，在铁氧体中添加碳纳米管（CNT）与石墨烯，制备出一种新型纳米复合材料。本书主要介绍了该复合材料——碳纳米管(石墨烯)/锰锌铁氧体复合材料的制备、磁热效应和热电性能，并探讨了复合材料通过热电性能达到温控效果的作用机制。

　　本书可供从事材料研究的科研人员，以及高校相关专业师生学习参考。

图书在版编目（CIP）数据

锰锌铁氧体复合材料制备及应用/张书品著. —北京：化学工业出版社，2022.4
　ISBN 978-7-122-40592-0

　Ⅰ.①锰…　Ⅱ.①张…　Ⅲ.①锰锌铁氧体-复合材料-材料制备　Ⅳ.①TM277

　中国版本图书馆 CIP 数据核字（2022）第 006397 号

责任编辑：贾　娜　毛振威
责任校对：王鹏飞
装帧设计：刘丽华

出版发行：化学工业出版社
　　　　　（北京市东城区青年湖南街 13 号　邮政编码 100011）
印　　装：北京七彩京通数码快印有限公司
710mm×1000mm　1/16　印张 9　字数 153 千字
2022 年 5 月北京第 1 版第 1 次印刷

购书咨询：010-64518888
售后服务：010-64518899
网　　址：http://www.cip.com.cn
凡购买本书，如有缺损质量问题，本社销售中心负责调换。

定　　价：78.00 元　　　　　　　　　　　　版权所有　违者必究

前言

近年来，锰锌铁氧体因具有饱和磁化强度高、生物相容性良好和毒性低等优点，在肿瘤磁热疗领域得到了广泛的关注和研究。对锰锌铁氧体复合材料的制备、性能等研究也取得了极大的进步。但是目前应用于肿瘤热疗的锰锌铁氧体，其精确控温、稳定恒温和均匀分散的问题仍是亟待解决的难点。而对于碳纳米管（石墨烯）/锰锌铁氧体这种同时具有温控效应和热电效应的多功能复合材料的研究也还较少。为了便于学术交流，笔者将碳纳米管（石墨烯）/锰锌铁氧体复合材料的温控效应和热电性能的一些相关研究编写成书。

全书内容共分为 6 章，主要包括碳纳米管（石墨烯）/锰锌铁氧体复合材料的制备、磁热效应和热电性能，并探讨复合材料通过热电性能达到温控效果的作用机制。第 1 章为绪论；第 2 章为研究方法与表征技术；第 3、4 章为碳纳米管/锰锌铁氧体复合材料的温控效应和热电性能，通过实验数据分析复合材料热电性能对其磁热效应的影响；第 5 章为石墨烯/锰锌铁氧体复合材料的热电性能；第 6 章为锰锌铁氧体复合材料的应用现状及发展趋势。

本书由山东交通学院张书品著。感谢山东大学无机非金属材料研究所的孙康宁教授、李爱民副教授、党锋教授、王素梅副教授、张玉军教授、张景德教授、李爱菊教授、范润华教授、毕见强教授、龚红宇教授、钱磊副教授、王伟礼老师、张子栋老师对研究工作的支持和帮助；感谢山东大学李春胜老师、赵天平老师和孙晓宁老师在实验仪器操作方面的指导和帮助；感谢本课题组李阳、梁延杰、孙晓林、丁永玲、成圆、葛平慧、程福明、刘昭君、王亚萍、王颂、王荣在实验过程中的帮助以及本研究所其他同学在工作和科研中的帮助。感谢国家自然科学基金（No. 81171463）以及山东交通学院博士科研启动基金（No. 50004907）的支持和资助。感谢书中所有引用文献的创作者。感谢山东交通学院的领导和老师给出的宝贵意见和建议。

由于笔者水平所限，书中难免存在欠妥和疏漏之处，希望读者批评指正。

著　者

2021 年 9 月

目录

第 *1* 章
绪论

1.1 引言 3

1.2 锰锌铁氧体概述 3

1.2.1 锰锌铁氧体结构 4

1.2.2 锰锌铁氧体磁性能 5

1.2.3 锰锌铁氧体电性能 5

1.3 碳纳米材料概述 7

1.3.1 碳纳米材料的结构和分类 7

1.3.2 碳纳米材料的性能 9

1.4 碳纳米复合材料在温控材料中的应用 12

1.4.1 磁热效应 12

1.4.2 碳纳米复合磁热材料 13

1.5 碳纳米复合材料在热电材料中的应用 14

1.5.1 热电效应 15

1.5.2 碳纳米复合热电材料 21

1.6 研究意义及主要研究内容 23

1.6.1 研究意义和目的 23

1.6.2 研究内容 24

第 *2* 章
研究方法与表征技术

2.1 实验原料与实验设备 27

2.1.1 实验原料 27

2.1.2 实验设备 28

2.2 研究方法 28

2.3 表征与测试技术 29

2.3.1 X 射线衍射分析 29

2.3.2 透射电子显微分析 29

2.3.3 场发射扫描电子显微分析 29

2.3.4 傅里叶变换红外光谱 30

2.3.5 块体材料密度测试 30

2.3.6 磁性能测试 30

2.3.7 温控效应测试 31

2.3.8 电学性能测试 32

2.3.9 霍尔系数测试 33

2.3.10 热导率测试 35

第 3 章
碳纳米管/锰锌铁氧体复合材料的温控效应

3.1 碳纳米管表面处理 39

3.1.1 实验材料 39

3.1.2 碳纳米管表面处理方法 39

3.1.3 TEM 分析 40

3.1.4 FTIR 光谱分析 40

3.2 碳纳米管/锰锌铁氧体复合材料粉体的制备工艺 41

3.2.1 实验材料 41

3.2.2 碳纳米管/锰锌铁氧体复合粉体的制备 41

3.3 结果与讨论 42

3.3.1 复合材料物相及形貌 42

3.3.2 锌掺杂量对复合材料温控效应的影响 45

3.3.3 碳纳米管含量对复合材料温控效应的影响 48

3.3.4 质量对复合材料温控效应的影响 52

3.3.5 电流对复合材料温控效应的影响 52

3.4 碳纳米管/锰锌铁氧体复合材料的温控机理 53

本章小结 55

第 *4* 章
碳纳米管/锰锌铁氧体复合材料的热电性能

4.1 复合材料烧结工艺的确定 59

4.2 锌掺杂量对复合材料热电性能的影响 71

4.3 碳纳米管含量对复合材料热电性能的影响 77

4.4 碳纳米管种类对复合材料热电性能的影响 92

本章小结 100

第 *5* 章
石墨烯/锰锌铁氧体复合材料的热电性能

5.1 石墨烯/锰锌铁氧体复合材料的制备工艺 104

5.1.1 实验材料 104

5.1.2 石墨烯/锰锌铁氧体复合材料的制备 104

5.2 结果与讨论 105

5.2.1 复合材料粉体形貌 105

5.2.2 石墨烯对复合材料热电性能的影响 106

5.2.3 RGO 对复合材料热电性能的影响 112

本章小结 120

第 *6* 章
锰锌铁氧体复合材料的应用现状及发展趋势

6.1 锰锌铁氧体复合材料的应用现状..123

6.2 锰锌铁氧体复合材料的发展趋势 125

参考文献..127

Chapter 1

——

第 1 章

——

绪论

- 引言
- 锰锌铁氧体概述
- 碳纳米材料概述
- 碳纳米复合材料在温控材料中的应用
- 碳纳米复合材料在热电材料中的应用
- 研究意义及主要研究内容

1.1
引言

随着科技的不断发展，单一功能的材料已难以满足实际应用的需要，因此，具有多重特殊功能的新型复合材料得到了更多的研究和开发。磁热疗法是一种新型肿瘤治疗方法，通过直接注射或静脉注射等定向汇集磁性产热材料于肿瘤部位，在交变磁场下将肿瘤组织升温至42~48 ℃[1,2]，并保持一定时间，达到杀死肿瘤细胞而不使正常组织受损的目的。纳米锰锌铁氧体因其具有饱和磁化强度高、生物相容性良好和毒性低等优点，可作为一种理想的磁热疗材料。研究中发现碳纳米管本身在交变磁场中无明显升温，而适量碳纳米管的加入反而可以使碳纳米管/锰锌铁氧体复合材料的产热量提高，且该复合材料具有自发温控效应。考虑到反常的升温以及自发的控温现象，必然存在某种因素影响材料在交变磁场下的磁热效应，于是材料的热电性能引起了我们的关注。

热电材料可以利用固体内部载流子反复循环运动来实现热能和电能之间的直接相互转换，是一种环境友好的新能源材料。研究发现，锰锌铁氧体的电导率虽然较低，但其 Seebeck 系数较高且热导率较低。而碳纳米管和石墨烯作为两种新型的纳米材料，性能稳定，密度小，且具有独特的物理结构和特殊的电学特性，基于碳纳米管和石墨烯的复合材料在热电材料和磁性材料的领域中一直是研究的热点[3-5]。因此将具有磁热效应的纳米锰锌铁氧体颗粒与碳纳米管或石墨烯相结合，可以实现性能上的优势互补，有可能制备出一种具有温控效应的新型热电材料。

1.2
锰锌铁氧体概述

尖晶石结构铁氧体（$MeFe_2O_4$，$Me=Mn^{2+}$、Zn^{2+}、Fe^{2+}等）具有磁导率高、饱和磁化强度高、损耗低、高频性能好等优良的综合性能[6-9]，是一种应用广泛的软磁性材料。锰锌铁氧体是一种应用广泛的尖晶石铁氧体，早在 20 世纪 30 年代[10,11]，科研人员就对其进行了大量研究，经过数十年的不懈努力，锰锌铁氧体制备工艺日益完善，性能日臻完美，逐步由实验室走向工业生产。锰锌铁氧体具有饱和磁化强度高、矫顽力小、化学稳定性好、硬度高、耐磨性能好等优点[12-14]。近年来，锰锌铁氧体及其复合材料的热电磁相互作用得到了越来越多的关注，因此研究和开发新型锰锌铁氧体复合材料成了一件十分有趣和有意义的工作。

1.2.1 锰锌铁氧体结构

锰锌铁氧体（$Mn_{1-x}Zn_xFe_2O_4$）为立方尖晶石结构，属立方晶系的 O_{14}^7（$Fd3m$），每个晶胞含有 56 个离子，包括 24 个金属离子和 32 个氧离子。该结构由半径较大的氧离子组成面心立方晶格，且以其为顶点形成两种间隙，分别为由 4 个氧离子组成的正四面体（tetrahedral sites，A 位）和由 6 个氧离子组成的八面体（octahedral sites，B 位）[15]。锰锌铁氧体结构每个晶胞中包含 64 个 A 位和 32 个 B 位，相对而言，B 位空隙较大。这些间隙被 Mn^{2+}、Zn^{2+} 和 Fe^{3+} 按一定规律占据[16]，晶体结构如图 1-1 所示。当 $x=0$ 时，Mn^{2+} 一部分占据 A 位，一部分占据 B 位，

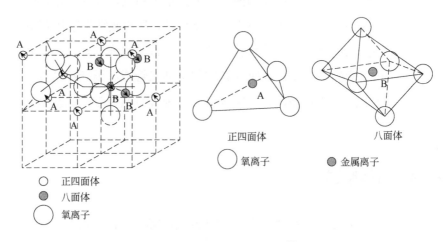

图 1-1　锰锌铁氧体晶体结构[24]

剩余的 A 位就由 Fe^{3+} 占据。Zn^{2+} 更易占据 A 位，因此随着 x 增加，Zn^{2+} 会将 A 位的部分 Fe^{3+} 赶到 B 位。当 $x=1$ 时，A 位完全由 Zn^{2+} 占据，不再有 Fe^{3+}。

1.2.2 锰锌铁氧体磁性能

在尖晶石铁氧体中，A-A、B-B、A-B 位金属离子之间均存在超交换作用。但是对其结构分析表明，A-B 之间的超交换作用最强，因此 A 位置与 B 位置上的离子磁矩是反平行排列的。尖晶石铁氧体磁性来源于 A 位与 B 位上不等的离子磁矩大小使得整个分子产生净磁矩，其磁学性质由阳离子的价态和晶位决定[16-18]。

锰锌铁氧体材料具有良好的磁性能，其矫顽力和剩余磁化强度都非常小，而饱和磁化强度较高。Mn-Zn 铁氧体纳米颗粒在交变磁场中可以在较短时间内使温度稳定在 40～68 ℃[19]范围内，但其团聚现象仍然较为严重，从而影响了材料性能的稳定性。因此在 Mn-Zn 铁氧体热疗应用中，如何解决颗粒的团聚现象成为一个重中之重的问题。

1.2.3 锰锌铁氧体电性能

铁氧体属于半导体材料，其电导率跨度较大，在 10^{-6}～1 S/m[20-24]范围内，与金属相比，电导率明显过低。铁氧体的电阻率与温度有关，随温度的变化关系满足[25]：

$$\rho = \rho_\infty e^{E_\rho/(K_B T)} \qquad (1\text{-}1)$$

式中　ρ——电阻率；

　　　ρ_∞——温度 $T \to \infty$ 时的电阻率；

　　　K_B——玻尔兹曼常数；

　　　E_ρ——导致电阻的激活能。

由上述公式可见，电阻率随着温度的升高而指数性地减小，即电导率随着温度的升高而指数性地增加。

铁氧体不同晶格等效格点上含有不同价的金属离子，如 Fe^{3+} 和 Fe^{2+}、Mn^{3+} 和 Mn^{2+} 等，电子在外层不同价态间跳跃［如式（1-2）所示］，会引起电阻率的下降[16]。

$$Fe^{2+} \Longleftrightarrow Fe^{3+} + e^- \tag{1-2}$$

因此对于多晶锰锌铁氧体材料，可以通过增加不同价态的离子来提高材料的电导率。另一方面，在锰锌铁氧体烧结工艺中，调节工艺条件可适当提高样品密度和晶粒尺寸，晶粒越大，晶界越薄，电导率越大，而密度增大会导致载流子浓度的增加，这对提高电导率有利。

研究表明，随着锌掺杂量的变化，锰锌铁氧体中占主导地位的载流子有电子和空穴两种，即有 n 型和 p 型两种导电机制。尖晶石型铁氧体的 Seebeck 系数与其磁有序有关[26,27]，可以由 Fe^{2+} 和 Fe^{3+} 来表示，考虑到小的偏振传导机制，Seebeck 系数可表示为

$$S = -(K_B/e)\ln\left\{\beta[Fe^{3+}]_B/[Fe^{2+}]_B\right\} \tag{1-3}$$

式中　　　　　e ——电子电荷量；

$[Fe^{3+}]_B$，$[Fe^{2+}]_B$ ——分别是八面体位置上的 Fe^{3+} 和 Fe^{2+} 离子；$\beta=1$。

D.Ravinder 等人[28-32]对铁氧体的研究表明，Mn-Zn、Ni-Cu、Ni-Mg、Li-Ge、Mg-Al-Li 等铁氧体的 Seebeck 系数的数值普遍较高，$Cu_{0.2}Cd_{0.8}Fe_2O_4$ 的 Seebeck 系数在室温下更是高达 $-1490\ \mu V/K$，且在 404 K 时接近 $-1700\ \mu V/K$。而对锰锌铁氧体进行掺杂 Gd、Ce、Er 等稀土元素后的实验结果显示其 Seebeck 系数得到大幅度提高，且随温度的升高而直线增大，尤其是 $Mn_{0.58}Zn_{0.37}Er_{1.0}Fe_{1.05}O_4$ 的 Seebeck 系数在室温下高达 $-2820\ \mu V/K$，随温度的升高其 Seebeck 系数更是接近 $-3300\ \mu V/K$。除了 Seebeck 系数的大幅度增大，Ce、Er 的掺杂使得锰锌铁氧体的电导率也得到一定程度的提高[21-23]。随着制备工艺的不断完善，铁氧体的电导率得到了很大程度的提高，I. C. Nlebedim 等人[25]采用真空烧结（1073 K，6 h）制备出了高电导率的 $CoFe_2O_4$，300 K 时其电导率为 485 S/m，与传统钴铁氧体相比提高了 7、8 个数量级，

此时其 Seebeck 系数为–173 μV/K，由此计算出的功率因子 PF=1.45×10^{-5} $V^2 \cdot S \cdot m^{-1} \cdot K^{-2}$。

1.3
碳纳米材料概述

自 1985 年 C_{60}[33,34]被发现以来，新型碳纳米材料得到很大发展，多壁碳纳米管（MWNTs）、单壁碳纳米管（SWNTs）、双壁碳纳米管（DWNTs）、石墨烯、还原氧化石墨烯（RGO）等[35-38]相继被发现。碳纳米管和石墨烯都具有良好的力学性能和导电导热性能等特点[39]，得到了研究者的广泛关注。在此基础上，碳纳米复合材料被广泛应用于热电材料、吸波材料、光催化等多个领域[40-43]，是具有战略意义的新兴材料。

1.3.1　碳纳米材料的结构和分类

如图 1-2 所示[44]，石墨烯是构成其他石墨材料的基本单元，可以

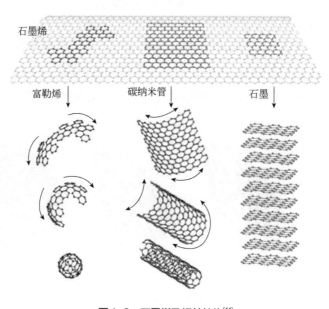

图 1-2　石墨烯及相关结构[44]

翘曲成零维的富勒烯 C_{60}，卷成一维的碳纳米管或堆垛成三维的石墨，且在形式上可以相互转换。

石墨烯是由 sp^2 杂化碳六元环组成的二维周期蜂窝状点阵结构，基本结构如图1-3所示，是目前最理想的二维纳米材料。通过理论计算和实验观察发现，石墨烯平面上存在本征褶皱、拓扑缺陷、空位、吸附原子等缺陷[45,46]。石墨烯是一种二维碳材料，是单层、双层和多层石墨烯的统称。

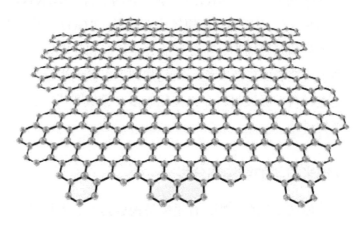

图1-3　石墨烯结构示意图

碳纳米管是由呈六边形排列的碳原子构成数层到数十层的同轴圆管，一般只需用层数和手性两种性质就能确定其结构。按照层数可分为单壁碳纳米管、双壁碳纳米管和多壁碳纳米管，其基本结构如图1-4所示。

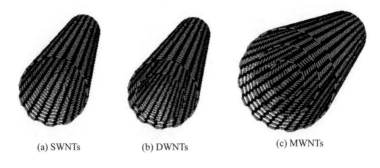

(a) SWNTs　　(b) DWNTs　　(c) MWNTs

图1-4　不同层数的碳纳米管结构示意图

MWNTs 形成初始，层与层之间易出现各种缺陷，因此通常有小洞样的缺陷分布于管壁上。SWNTs 直径较小，与 MWNTs 相比，具有缺陷少，均匀一致性更高的优点，在实际的研究与应用中具有重要的地位[47,48]。

根据碳纳米管中的碳六边形沿轴向的不同取向，可以将其分为扶手椅型纳米管（armchair form）、锯齿型纳米管（zigzag form）和手性型纳米管（chiral form）[49,50]三种类型，其结构如图 1-5 所示。其中扶手椅型和锯齿型碳纳米管没有手性，而手性型碳纳米管也称之为螺旋型碳纳米管，具有手性[51,52]。目前对碳纳米管的手性尚无有效的鉴别方法。

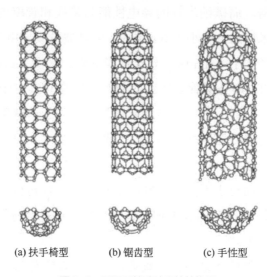

(a) 扶手椅型　　　　(b) 锯齿型　　　　(c) 手性型

图 1-5　不同手性碳纳米管结构图

1.3.2　碳纳米材料的性能

（1）力学性能

碳纳米管和石墨烯都具有极高的弹性模量和断裂强度。石墨烯的强度比世界上最好的钢铁还要高上 100 倍。单层无支撑石墨烯的弹性模量能达到约 1 TPa，断裂强度为 130 GPa[53]。碳纳米管的长径比一般在 1000∶1 以上[54]，强度可高达 50～200 GPa，比同体积钢的强度高 100 倍，但质量却只有后者的 1/7～1/6[55]。对碳纳米管的弹性模量进行计算，得到碳纳米管的弹性模量约为 5 TPa[56]。因此若以其他材料为基体，将其与碳纳米管或石墨烯制成复合材料，可提高复合材料的强度、弹性、抗疲劳性等力学性能。

（2）电学性能

相对于碳纳米材料其他方面的性质，其独特的电学特性得到了更多的关注和研究。碳纳米管在电子输运过程中的输运呈弹道传输（ballistic transport）特性，电子在碳纳米管中具有量子效应[57,58]，即电子传输时不与杂质或声子发生任何散射，没有任何能量消耗。因此碳纳米管表现出良好的导电性，电导率高达 $10^3 \sim 10^6$ S/m[59-62]，可达铜的一万倍。而碳纳米管的导电性能与管径和管壁的螺旋角[63-65]有关。当碳纳米管的管径小于 6 nm 时，可以被看成导电良好的一维量子导线；当管径大于 6 nm 时，导电性能下降。基于 Landauer 方程[65]计算表明 DWNTs 内外层管之间弱的相互作用会对其电子输运性质产生显著的影响，从而导致双壁碳纳米管具有不同于单壁碳纳米管的独特能带和电子传输特征，而 MWNTs 管壁层数更多，其电子传输更为复杂。但是目前碳纳米管对复合材料性能影响的研究主要针对碳纳米管的含量影响，而对于不同管壁碳纳米管及其复合材料性能的研究仍然较少。因此关于 MWNTs、DWNTs、SWNTs 对复合材料性能影响的对比研究意义重大。

石墨烯体系中存在整数量子霍尔效应及常温条件下的量子霍尔效应[66]，其电子的运动速度达到了光速的 1/300，远远超过了电子在一般导体中的运动速度[67]。石墨烯的能带结构如图 1-6 所示，为零带隙半导体，它的导带与价带在费米能级顶点有很小的重叠。研究表明，石墨烯中的电子不仅与蜂巢晶格之间存在着强烈的相互作用，而且电子和电子之间也有很强的相互作用[68]。此外石墨烯的晶格结构稳定，不会因晶格缺陷或外来原子而使其电子在移动时发生散射，从而表现出优秀的导电性。石墨烯的载流子浓度可以达到 10^{13} cm^{-3}，室温迁移率约 10^4 cm^2·V^{-1}·S^{-1}，且迁移率随温度变化很小[69]。因此，石墨烯与锰锌铁氧体的复合有可能对改善复合材料的电学性能更有效，从而有望得到一种新型热电性能。

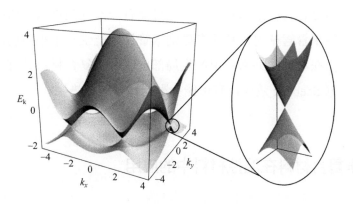

图1-6　石墨烯的能带结构示意图[66]

（3）热学性能

碳纳米材料不仅具有优异的电学性能，其导热性能也是非常出众的。碳纳米管独特的结构和尺寸对其传热有很大的影响，同时碳纳米管的平均声子自由程较大，其热导率可以高达 $1100\sim6600\ W/(m\cdot K)$[59-61]。因此，若以其他材料为基体，将其与碳纳米管制成复合材料，有可能大幅度提高复合材料的热导率[70]。

石墨烯的热导率高达 $6600\ W/(m\cdot K)$[71]，这使得石墨烯多被应用于散热等方面。与石墨烯相比，还原氧化石墨烯（RGO）的热导率相对较低，其热导率与氧化石墨被氧化程度密切相关。究其原因是 RGO 薄片即使经过热还原处理后仍然具有氧化性、残余的官能团，以及被氧化破坏的碳六元环等晶格缺陷，阻止了热传导作用[72]。

碳纳米材料与锰锌铁氧体的复合有可能引起复合材料热导率的提高，对材料的热电性能不利，因此降低复合材料热导率显得尤为重要。而 RGO 较低的热导率及优异的电学性能使得其与锰锌铁氧体的复合材料有望在提高电导率的同时保持低热导率。

（4）磁学性能

对石墨烯的磁学性能尚没有相关的研究，而碳纳米管在磁学性能的应用领域非常广泛，甚至成为铁氧体的有力竞争者。研究发现碳纳米管软磁材料在高频磁场中具有巨磁阻抗效应[73]。碳纳米管/锰锌铁氧体复合材料纳米粉体中，有可能有一部分锰锌铁氧体纳米颗粒进入碳纳米管管壁内，从而在碳纳米管局部产生一个小磁场。由于电磁感应而在导体碳纳米管中产生局部电流，当复合材料具有热电性能时，根据 Seebeck 效应，有可能会影响材料的产热量。

1.4
碳纳米复合材料在温控材料中的应用

1.4.1 磁热效应

铁氧体在交变磁场中的产热机理主要包括电磁能的消耗和弛豫损耗[74]。电磁能的消耗包括涡流损耗 P_e、磁滞损耗 P_h 和剩余损耗 P_c。

磁性材料在交流磁化过程中由于法拉第电磁感应定律会产生电动势，从而产生涡电流，其大小与材料的电阻率成反比。涡流损耗是指铁磁体内存在涡流使磁芯发热造成能量的损耗，一般可表示为：

$$P_e = K_e d^2 B^2 f^2 \sigma \tag{1-4}$$

式中　d——涡流环路直径；

　　　B——磁感应强度；

　　　σ——电导率；

　　　f——频率；

　　　K_e——常数。

因此，P_e 不仅与频率和磁感应强度有关，而且还取决于产品的几何形状及内部的电导率。当锰锌铁氧体中引入碳纳米管时，粉体中的碳纳米管有可能形成涡流环路，相当于增加了材料的涡流环路直径 d，从而增加了涡流损耗产热量。

磁滞损耗是在不可逆跃变的动态磁化过程中，磁场的部分能量因克服各种阻尼作用而产生的损耗，其数值等于磁滞回线所包围的面积。单位体积样品磁化 1 周的磁滞损耗可以粗略表示为：

$$P_h = p_h f M_s H_c \tag{1-5}$$

式中　P_h——磁性材料在交变磁场中的磁滞损耗功率；

　　　p_h——常数；

　　　f——交变磁场的频率；

　　　M_s——饱和磁化强度；

　　　H_c——矫顽力。

磁性颗粒在交变磁场中的磁滞损耗产热与颗粒的微观结构（例如晶格缺陷、晶界等）和固有本质（晶体的各向异性）以及晶粒形貌和尺寸有关。磁性颗粒的尺寸与磁滞回线相关，尺寸较大时多种畴基态同时存在，矫顽场减小，因此磁滞回线所围的面积也较小。而较小尺寸时（微、纳米颗粒）畴基态减少，其单一会导致矫顽场提高，因此所围的面积较大。除磁滞损耗、涡流损耗外的其他损耗均归结为剩余损耗，包括磁后效损耗、各种共振损耗或其他弛豫等引发的损耗，与电子、空位或离子的扩散及电阻率有关。铁氧体属于半导体材料，电导率通常较小[20]（$10^{-6}\sim1$ S/m），因此在低频和弱磁场条件（<500 kHz），可以忽略其剩余损耗的影响。

弛豫损耗有两种方式，包括尼尔弛豫和布朗弛豫[75]，是由于磁性粒子从一种稳定状态变为另一种稳定状态时磁矩变化的滞后。尼尔弛豫是磁性粒子在交变磁场中，粒子内的磁矩因热扰动克服能垒-磁各向异性能迅速重新定向。而布朗弛豫则是磁性粒子受到交变磁场作用时磁矩固定在易磁化方向的磁性颗粒因自身物理旋转而产生的摩擦热。尼尔弛豫和布朗弛豫均与纳米粒子的粒径有关。对于纳米级的超顺磁性颗粒来说，其产热机制主要是磁性颗粒的磁矢量旋转和颗粒本身的物理旋转，即尼尔弛豫。磁滞损耗产热和尼尔弛豫产热都不是随着颗粒大小单调变化的。颗粒越小，材料的剩磁和矫顽力越大，从而增加了磁滞损耗产热量。但尺寸小到一定值后，会导致剩磁和矫顽力急剧下降，直至材料出现超顺磁性，在超顺磁性颗粒中通过尼尔弛豫机制产热。

1.4.2　碳纳米复合磁热材料

铁氧体磁性纳米颗粒在肿瘤热疗中的研究得到了广泛关注[76,77]，研究表明，化学共沉淀制备的铁氧体颗粒为纳米级，符合医学生物学应用所要求的范围，且金属离子掺杂的锰锌铁氧体纳米颗粒相对于传统的 Fe_3O_4 纳米颗粒具有更高的饱和磁化强度和更好的升温效果[78,79]。但是仅依靠金属离子掺杂的材料随机性强，控温精度不高，因此关于铁氧体与碳纳米材料的复合材料逐渐引起了人们的关注。在 $Ni_{1-x}Co_xFe_2O_4$ 中添加碳纳米管可以将 $Ni_{1-x}Co_xFe_2O_4$ 均匀包覆在碳纳米管表面，复合材料的粒径控制在 15～25 nm，最大饱和磁化强度为 44.21 emu/g[80]（1 emu=10^{-3} A·m^2，1 emu/g=1 A·m^2/kg）。在锰锌铁氧体中添加碳纳米管，可以有效改善纳米铁氧体颗粒的团聚现象，复合材料的粒径约为 10～20 nm，且表现出较好的铁磁性[81,82]。石墨烯尤其是 RGO 与铁氧体的复合材料同样可以具有优异的磁性能，且颗粒保持在纳米级[83-86]。但目前对碳纳米材料与铁氧体复合材料温控效应的研究仍然较少，因此研究和探讨碳纳米材料对复合材料磁性及温控效应的作用机理具有重要意义。

1.5
碳纳米复合材料在热电材料中的应用

随着全球工业化的快速发展，环境污染问题和能源危机日益加剧，研究和开发环境友好的可再生新能源已经成为能源发展的趋势。但是，我们对能源的利用率非常低，研究表明[87-89]，绝大多数能源产生的能量大约有 60%是作为废热被排除，汽车的废热更是高达 75%，汽车及工厂等产生的废热可占全部初次能源的 70%。近年来，热电材料（也称为温差电材料）作为一种利用固体内部载流子反复循环运动来实现热能和电能之间直接相互转换的新型功能材料引起了世界各国科研人员的广泛关注。热电转换技术是利用半导体热电材料的塞贝克（Seebeck）效应和珀尔帖（Peltier）效应将热能和电能进行直接转换的技术，包括热电发电和热电制冷两种方式。热电器件可以利用太阳能、汽车尾气废热、工业废热及 CPU 耗散等各种热能直接转换为电能，且具有体积小、寿命长、无噪声、无污染等优点，因此热电材料的研究和开发对解决环境污染和缓解能源危机具有战略性意义。最著名的应用之一是以放射性同位素为热源的热电发射器作为唯一的供电系统，成功应用于美国宇航局发射的"旅行者"号太空探测器上，可见热电材料热电转换具有超高可靠性。许多世界知名研究所都致力于以利用工业废热、汽车尾气和太阳能等为热源的热电发电，达到环保节能的目的[90]。

1.5.1 热电效应

（1）Seebeck 效应

1821 年，德国科学家 Seebeck 发现在由锑与铜两种不同金属接合成的线路上，若两接点间维持在不同温度 T_1 和 T_2，即有温差 ΔT（T_1-T_2）时，会产生温差电动势 V，并在回路中形成电流，这一效应称为塞贝克效应，如图 1-7 所示。温差电动势 V 的数值为：

$$V = S_{ab}(T_1 - T_2) \tag{1-6}$$

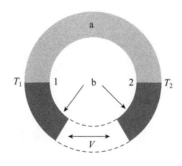

图 1-7　Seebeck 效应示意图[91,92]

在 ΔT 较小时，V 正比于 ΔT，比例系数即为塞贝克系数 S_{ab}，单位为 V/K，表达式为：

$$S_{ab} = \frac{V}{\Delta T}, \ \ \Delta T \to 0 \tag{1-7}$$

Seebeck 效应实现了热能向电能的直接变换，因而可以用以温差发电。Seebeck 系数可正可负，与温度梯度的大小和方向无关，其物理本质在于表征温度梯度作用下的载流子分布变化。当温度梯度在导体内建立后，热端载流子具有较大动能，趋于向冷端扩散并堆积，从而使得冷端的载流子多于热端，导体内电中性被破坏，产生自建电场，载流子由热端向冷端的运动受到阻碍。当导体内部载流子运动达到平衡时，两端就形成了的电势差，即为 Seebeck 电动势。当 Seebeck 系数为负值时，材料中占主导地位的载流子为电子，为 n 型传导；当 Seebeck 系数为正值时，材料中占主导地位的载流子为空穴，为 p 型传导。

（2）Peltier 效应

Peltier 效应[91,92]是将电能转化为热能的效应，可以看作是 Seebeck 效应的逆效应。1834 年，法国物理学家 C. A. Peltier 发现当电流 I 通过两个不同导体的闭合回路时，接头处会有温度变化，此现象称为 Peltier 效应，如图 1-8 所示。假设接头处的吸热（放热）量为 Q_p，该吸（放）热量 Q_p 与回路中的电流 I 成正比，即：

$$Q_p = \pi_{ab} I \tag{1-8}$$

式中，π_{ab} 为比例常数，即 Peltier 系数，单位为 W/A，表达式为：

$$\pi_{ab} = \frac{Q_p}{I} \tag{1-9}$$

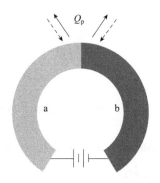

图 1-8　Peltier 效应示意图[91,92]

Peltier 系数的物理意义是单位时间内单位电流在接头处引起的吸（或放）热量。当载流子在由两种导体构成的回路中存在势能差异，且从一种导体进入另一种时，为达到新的平衡，需要在接头附近与晶格（热振动）发生能量交换，这就是 Peltier 效应的起源。

（3）Thomson 效应

上述两个效应的发现都涉及由两种不同导体组成的回路。然而 1851 年，Thomson[91,92]用热力学方法分析了温差电和 Peltier 现象，并发现了第三个与温度梯度有关的现象——Thomson 效应，如图 1-9 所示。当存在温度梯度的单一导体中通有电流时，除了在导体中产生和电阻有关的焦耳热外，还要吸收和放出热量，这种吸收和放出热量的现象被称为 Thomson 效应。在单位时间 dt 和单位体积内吸收或放出的热量 dQ 与电流密度 J 及温度梯度 ΔT 成正比，即：

$$\frac{\mathrm{d}Q}{\mathrm{d}t} = \beta J_x \frac{\mathrm{d}T}{\mathrm{d}x} \tag{1-10}$$

式中，β 为 Thomson 系数，单位为 V/K。

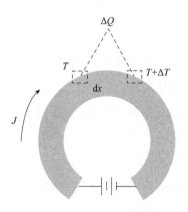

图 1-9　Thomson 效应示意图[91,92]

Thomson 效应的起源与 Peltier 效应非常相似，但引起载流子能量差异的起因不同，分别是由温度梯度和构成回路的两导体中载流子势能不同所引起。

（4）Seebeck 系数、Peltier 系数和 Thomson 系数间的关系

Thomson 在研究 Seebeck 系数与 Peltier 系数之间的相互关系时发

现，三个温差电系数间的关系为[91,92]：

$$\pi_{ab} = S_{ab}T \qquad (1-11)$$

或

$$\frac{\mathrm{d}S_{ab}}{\mathrm{d}T} = \frac{\beta_a - \beta_b}{T} \qquad (1-12)$$

以上两个公式被称为关系。目前对众多金属和半导体材料的实验研究证实了这两个关系式的正确性。

（5）热电材料的主要参数

热电材料的能量转换效率通常利用无量纲优值 ZT 来衡量[91,92]：

$$ZT = S^2\sigma T / \kappa \qquad (1-13)$$

式中　S——Seebeck 系数；

　　　σ——电导率；

　　　T——绝对温度；

　　　κ——热导率。

ZT 值越高，意味着热电器件的热能电能转换效率越高，因此由上式可知，高性能的热电材料需要高的 Seebeck 系数和电导率以及低的热导率。从物理本质上来讲，这三个参数是由载流子和声子的输运机制决定的，且相互关联。

① Seebeck 系数。Seebeck 系数与材料的晶体结构、化学组成和能带结构密切相关。对理想晶体，载流子运动不受阻碍，其运动速度最终趋于无穷大。但在实际晶体中，由于晶格振动、缺陷、杂质等原因，晶体的周期势场将会发生局部畸变。外场作用下定向运动的载流子将不可避免地受到晶格振动和非完整性散射，载流子运动速度就会趋于一个有限值。这个过程可以采用弛豫时间近似，处于稳态且仅有电场和温度梯度作用下的玻尔兹曼方程表示。对其进一步近似则 Seebeck 系数可以表示为[91,92]：

$$S = \mp\frac{K_B}{e}\left[\xi - \frac{\left(s+\frac{5}{2}\right)F_{s+\frac{3}{2}}(\xi)}{\left(s+\frac{3}{2}\right)F_{s+\frac{1}{2}}(\xi)}\right] \qquad (1-14)$$

$$F_n(\xi) = \int_{\infty}^{0} \frac{\chi^n \mathrm{d}x}{1 + \exp(\chi - \xi)} \qquad (1\text{-}15)$$

式中　　$F_n(\xi)$——n 阶费米积分；

$\quad\quad\quad\chi$——简约载流子能量；

$\quad\quad\quad\mp$——传导的类型；

$\quad\quad\quad K_\mathrm{B}$——玻尔兹曼常数；

$\quad\quad\quad\xi$——简约费米能级，对于大多数热电材料，其值大约为

$\quad\quad\quad\quad$$-2.0\sim5.0$；

$\quad\quad\quad s$——散射因子，对于声学波散射，$s=-1/2$；光学波散射，

$\quad\quad\quad\quad$$s=1/2$；电离杂质离子的散射则取 $s=3/2$。

② 电导率。对玻尔兹曼方程做近似处理可以得到电导率的表达式[91,92]：

$$\sigma = ne\mu \qquad (1\text{-}16)$$

式中　　n——载流子浓度；

$\quad\quad\quad\mu$——载流子迁移率。

$$n = \frac{2\left(2\pi m^* K_\mathrm{B}T\right)^{3/2}}{h^{3/2}} F_{s+\frac{1}{2}}(\xi) \qquad (1\text{-}17)$$

$$\mu = \frac{4e}{3\pi^{\frac{1}{2}}}\left(s + \frac{3}{2}\right)(K_\mathrm{B}T)^s \frac{\tau_0}{m^*} \qquad (1\text{-}18)$$

式中　　m^*——有效质量；

$\quad\quad\quad h$——普朗克常数；

$\quad\quad\quad\tau_0$——弛豫时间。

由式（1-16）和式（1-17）可知，随着有效质量的增大，载流子的浓度增大，但迁移率减小。

③ 热导率。热能在固体内的输运过程即为热传导，从微观分析这一过程主要是通过载流子的运动和晶格振动实现的。对于处在本征激发区的半导体，其热能输运还与电子空穴对形成的双极扩散有关。因此，半导体中热导率的表达式如下[91,92]：

$$\kappa = \kappa_C + \kappa_L + \kappa_b \tag{1-19}$$

式中　κ_C——载流子热导率；

　　　κ_L——晶格热导率；

　　　κ_b——双极扩散引起的热导率。

作为电荷和能量载体的载流子在晶体中做定向运动时，不仅对电输运有贡献，对热传导也有贡献。此外，载流子可通过对声子造成散射从而使热导率降低。由此可见，载流子对热导率的贡献实际上是两个相反过程的综合。载流子的性质及所涉及的散射过程则是决定着两个作用哪个为主的关键。一般情况下，认为在晶体中只有一种载流子时载流子热导率 κ_C 服从 Wiedemann-Franz（维德曼-弗兰兹）定律，由定律计算得到：

$$\kappa_C = L\sigma T \tag{1-20}$$

式中　L——洛伦兹常量；

　　　σ——电导率；

　　　T——绝对温度。

对大多数热电材料，洛伦兹常量可以通过求解玻尔兹曼方程得到：

$$L = \left(\frac{K_B}{e}\right)^2 \left\{ \frac{\left(s+\frac{7}{2}\right)F_{s+\frac{5}{2}}(\xi)}{\left(s+\frac{3}{2}\right)F_{s+\frac{1}{2}}(\xi)} - \left[\frac{\left(s+\frac{5}{2}\right)F_{s+\frac{3}{2}}(\xi)}{\left(s+\frac{3}{2}\right)F_{s+\frac{1}{2}}(\xi)}\right]^2 \right\} \tag{1-21}$$

晶格热导率也称为声子热导率，与载流子在晶格中的运动相似，声子的运动受到晶格中各种散射机制的作用。借用气体动理论中热导率的概述[91]，固体中晶格热导率可以类似地表示为：

$$\kappa_L = \frac{1}{3}\kappa C_V v_s l \tag{1-22}$$

式中　C_V——材料的定容比热；

　　　v_s——声子的运动速度；

　　　l——声子的平均自由程。

声子的平均自由程大小取决于晶体中的散射机制，因此可以通过晶粒尺寸的纳米化或在晶体中引入点缺陷等来降低材料的晶格热导率。

当固体中同时存在两种载流子（电子和空穴）时，它们对热量的输运都有贡献。两种载流子在输运过程中存在产生和复合过程，这将会增加固体内额外能量的输运，这个过程称为双极扩散过程。当双极扩散明显时，它对热导率的贡献很大，其数值可以表示为：

$$\kappa_{b} = \left(\frac{K_{B}}{e}\right)^{2} \sigma T \left(\frac{\sigma_{e}\sigma_{h}}{\sigma}\right)(\delta_{e} + \delta_{h} + \xi_{g})^{2} \qquad (1-23)$$

式中

σ_{e}，σ_{h}——分别为电子和空穴电导率，$\sigma=\sigma_{e}+\sigma_{h}$；

E_{g}——禁带宽度，$\xi_{g}=E_{g}/(K_{B}T)$；

δ_{e}，δ_{h}——分别为电子和空穴的散射因子，其数值通常在 2～4 之间。

1.5.2 碳纳米复合热电材料

随着热电材料研究的不断发展，复合热电材料被越来越多的人所关注。目前由于碳纳米管和石墨烯独特的物理性能，使得碳纳米材料作为热电材料的研究获得了广泛的关注。然而碳纳米管的热电性能并不理想，Hone 和 Shi 等[59,60]对 SWNTs 薄膜的热电性能的测试结果表明 300 K 时其 ZT 值在 10^{-4} 范围内；Jin[61]等在 295 K 获得的 MWNTs 的 ZT 值为 $6.7×10^{-5}$；Miao 等人[62]通过 H_2O_2 和 HCl 处理获得的 DWNTs，其 ZT 值得到明显的提高但只达到 10^{-3} 数量级。究其原因主要为虽然碳纳米管具有较高的电导率（$10^3～10^6$ S/m），但其热导率同样较高（$1100～6600$ W·m^{-1}·K^{-1}），同时碳纳米管的 Seebeck 系数普遍不高（$10^0～10^2$ μV/K）。石墨烯电导率高达 10^8 S/m，为目前导电性最好的材料。同碳纳米管一样，石墨烯的热导率也很高，室温下其热导率超过 2000 W/(m·K)[71]。对石墨烯 Seebeck 系数的研究并不多见，但由于其电子能带在布里渊区原点的零带隙特征，理想的石墨烯的 Seebeck 系数很低[71,94]，因此碳纳米材料一般不会直接作为热电材料，大多集中于碳纳米复合热电材料的研究。

　　对于热电材料性能的提高，如果仅仅进行掺杂，其电导率提高的同时又往往会降低材料的 Seebeck 系数，因此可以选择通过复合化的方法来解决这一矛盾。近年来，由于热导率低、制备简单、环保无毒等优点，有机聚合物（PANI、PPy、PVAc 等）热电材料得到了越来越多的研究和关注，但由于其较低的电导率限制了有机聚合物在热电方面的应用。Yu 等[95]在 PVAc 中添加了碳纳米管，结果表明碳纳米管在复合材料里创建的导电网络可以大幅度提高材料的电导率，当碳纳米管质量含量为 20%时复合材料的室温 ZT 值大于 0.006。Meng 等[96]研究了 MWNTs 与 PANI 的复合材料热电性能，发现碳纳米管的添加可以将材料的 Seebeck 系数提高数倍。在 PANI 中添加石墨烯同样可以提高其热电性能，研究发现 PANI-石墨烯复合材料在提高电导率和 Seebeck 系数的同时，其热导率仍旧保持一个比较低的水平，复合材料的 ZT 值与 PANI 相比要高出近 70 倍[97]。石墨烯与 PPy 的复合[98]更是将其 ZT 值提高了 210 倍，达到 2.8×10^{-3}。碳纳米材料在传统热电材料的复合同样可以提高其热电性能。对碳纳米管与 Bi_2Te_3 复合材料[99,100]的研究发现，适量碳纳米管的添加不仅可以有效提高材料的电导率和功率因子，还可以降低复合材料的晶格热导率，473 K 时 ZT 值达到 0.85，但当碳纳米管含量过高时，电导率和功率因子不仅没有增加反而下降明显。在 $Ba_{0.3}FeCo_3Sb_{12}$ 中添加 MWNTs 的复合材料的热导率同样得到大幅度的降低，从而有效地提高了 ZT 值[101,102]。石墨烯复合热电材料同样可以提高复合材料的热电性能[103,104]。在 $Bi_{0.5}Sb_{1.5}Te_3$ 中添加石墨烯[105]，可以提高材料的电学性能，同时降低晶格热导率，结果显示与 $Bi_{0.5}Sb_{1.5}Te_3$ 的 ZT 值相比，复合材料提高了 45%，在 360 K 时可以达到 1.13。与碳纳米管相似，石墨烯在复合材料中的含量不宜过高，否则会降低复合材料的热电性能。可见碳纳米材料的含量对复合材料的热电性能有很大的影响。此外，研究发现 MWNTs、DWNTs 和 SWNTs[106-108]以及石墨烯与 RGO[109,110]的电学性能有很大差异，其在复合材料热电性能的影响也不同，因此不同碳纳米管种类对复合热电材料的研究具有

　锰锌铁氧体
复合材料制备及应用

重要的意义。

对于尖晶石结构铁氧体，虽然具有高的 Seebeck 系数和低的热导率，使其在热电方面具有诸多潜在的应用价值，但由于其电阻率普遍较高，很大程度上限制了其在热电领域的应用。而碳纳米管和石墨烯虽然热导率较高但其电导率同样较高，如果将其加入铁氧体中将有效提高材料的电导率。Liu 等人[111]分别在 $NiFe_2O_4$ 中混合了质量含量为 10%的原始碳纳米管（p-CNT）和酸化处理后的碳纳米管（o-CNT），结果表明，复合材料的电导率分别提高了 4 个和 5 个数量级，另一方面也表明碳纳米管的酸化处理对复合材料电导率的提高具有积极作用。因此将碳纳米管或石墨烯与铁氧体结合的复合材料不仅可以大幅度提高铁氧体的电导率、降低密度，还可以利用铁氧体高的 Seebeck 系数与低的热导率，有可能制备出高性能的热电复合材料。同时碳纳米管和石墨烯与尖晶石型铁氧体复合材料的磁性能早已得到广泛的研究，可以通过成分与掺杂的调控使其成为具备较高 ZT 值和准确控温的多功能纳米材料。

1.6
研究意义及主要研究内容

1.6.1 研究意义和目的

综上所述，碳纳米材料具有独特的物理特性，在材料领域尤其是在复合材料中具有广阔的应用前景，对多功能碳纳米复合材料的研究和开发以及碳纳米材料在复合材料中作用机理的研究具有重要的意义。锰锌铁氧体具有优良的性能，在多个领域取得了广泛的应用。锰锌铁氧体在肿瘤热疗方面发挥着重要的作用，但材料发热时间及产热稳定性方面仍有待提高，在锰锌铁氧体中添加适量的碳纳米管有可能改善锰锌铁氧体温控效应的稳定性。同时碳纳米材料对半导体热电材料的提高有积极作用，既可以明显提高复合材料的电导率，也可以在一定程度上降低复合材料的晶格热导率，但碳纳米材料的含量不宜过高，否则会大幅度降低热电性能。锰锌铁氧体与有机聚合物的热电性能相似，虽然具有高的 Seebeck 系数和低的热导率，但由于电阻率普遍较高，很大程度上限制了其在热电领域的应用。在锰锌铁氧体中添加适量的碳纳米材料的设计，有可能提高锰锌铁氧体电导率的同时降低其热导率，从而提高热电性能，扩大其应用领域。因此本书将在前期肿瘤热疗材料研究的基础上，选择碳纳米管或石墨烯/锰锌铁氧体复合材料作为研究体系，研究该复合材料的制备及其应用。

1.6.2　研究内容

本书研究的内容主要包括以下几个方面。

（1）锰锌铁氧体复合材料的制备

采用化学共沉淀方法制备锰锌铁氧体复合粉体。在此基础上，采用均匀法优化放电等离子烧结（SPS）工艺，制备复合材料块体材料。分析不同工艺参数、锌掺杂量及碳纳米管含量对复合材料粒径、物相、形貌、磁性能及热电性能的影响。

（2）锰锌铁氧体复合材料温控效应研究

研究复合材料粉体在交变磁场中的温控效应，探讨碳纳米管对复合材料温控效应的影响及其作用机理。

（3）碳纳米管/锰锌铁氧体复合材料热电性能研究

研究锌掺杂量、碳纳米管含量及种类对复合材料微观结构和热电性能的影响，并探讨相关机理。

（4）石墨烯/锰锌铁氧体复合材料热电性能研究

研究石墨烯与 RGO 对复合材料微观结构和热电性能的影响，并探讨相关机理。

Chapter 2

——

第 2 章

——

研究方法与表征技术

- 实验原料与实验设备
- 研究方法
- 表征与测试技术

本章主要介绍研究方法、实验中所用的实验试剂、仪器设备及性能测试表征仪器。

2.1
实验原料与实验设备

2.1.1 实验原料

① 氯化锰，四水，$MnCl_2 \cdot 4H_2O$，分析纯，分子量 197.91，国药集团化学试剂有限公司生产。

② 氯化锌，$ZnCl_2$，分析纯，分子量 136.30，国药集团化学试剂有限公司生产。

③ 三氯化铁，六水，$FeCl_3 \cdot 6H_2O$，分析纯，分子量 270.29，国药集团化学试剂有限公司生产。

④ 氢氧化钠，$NaOH$，分析纯，分子量 40.0，国药集团化学试剂有限公司生产。

⑤ 浓硝酸，HNO_3，65%，分子量 63.0，国药集团化学试剂有限公司生产。

⑥ 多壁碳纳米管，MWNTs，直径>50 nm，长度 10～20 μm，纯度>95%，中国科学院成都有机化学有限公司。

⑦ 双壁碳纳米管，DWNTs，直径 2～4 nm，长度<50 μm，纯度>60%，中国科学院成都有机化学有限公司。

⑧ 单壁碳纳米管，SWNTs，直径 1～2 nm，长度 5～30 μm，纯度>90%，中国科学院成都有机化学有限公司。

⑨ 石墨烯（graphene），层数<20，厚度 4～20 nm，尺寸 5～10 μm，纯度>99.5%，中国科学院成都有机化学有限公司。

⑩ 还原氧化石墨烯，RGO，厚度 0.55～3.74 nm，尺寸 0.5～3 μm，纯度>95%，比表面积 500～1000 m^2/g，中国科学院成都有机化学有限公司。

⑪ 无水乙醇，CH_3CH_2OH，分析纯，分子量 46.07，国药集团化学试剂有限公司生产。

2.1.2 实验设备

① 超声波清洗器，KQ-50B，昆山市超声仪器有限公司。

② 数显搅拌电热套，XMTG3000，山东鄄城仪器有限公司。

③ 电热恒温水浴锅，DK-98-1，天津市天泰斯特仪器有限公司。

④ 机械电动搅拌器，JJ-1，常州博远实验分析仪器厂。

⑤ 真空干燥箱，DZF-6030A，上海一恒科学仪器有限公司。

⑥ 高频感应加热设备，DZF-6030A，深圳市双平电源技术有限公司。

⑦ 光纤测温仪，DHU，深圳市明琉科技有限公司。

⑧ 放电等离子烧结炉，LABOX-110H，日本思立。

⑨ 内圆切片机，J5060-1，上海无线电专用机械厂。

2.2
研究方法

本书以锰锌铁氧体具有磁产热及低热导率特性，与碳纳米管或石墨烯的复合产物具有较好的温控效果及高电导率、低热导率等特点为思路，采用化学共沉淀法制备出粒径小、包覆均匀的前驱体粉体，改善锰锌铁氧体粉体的温控效果，使其达到热疗用温度范围。此外，采用放电等离子烧结（SPS）技术和添加碳纳米管或石墨烯的方法解决锰锌铁氧体难烧结、电导率低的问题。整体技术路线如图 2-1 所示。

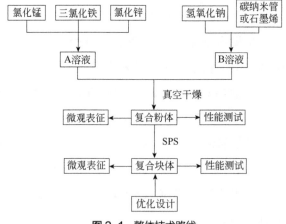

图 2-1 整体技术路线

2.3
表征与测试技术

2.3.1 X 射线衍射分析

本实验中采用的 X 射线衍射仪（X-ray diffraction，XRD）为日本生产的 Rigaku DMAX-2500PC 型，以 Cu-Kα（λ=1.5405）射线作为辐射源，Ni 作为滤片，电压为 50 kV，电流为 80 mA，扫描速度为 4°/min，扫描范围为 10°～90°。

2.3.2 透射电子显微分析

本实验中采用的透射电子显微镜（transmission electron microscopy，TEM）为日本生产的 JEM-1200EX 型，加速电压为 100 kV。

TEM 样品的制备：

① 将少量复合粉体置于离心管中，加入适量无水乙醇后超声处理；

② 用毛细管吸取 1～2 滴分散液滴于铜网上，干燥后放入样品台上进行微观形貌观察。

2.3.3 场发射扫描电子显微分析

本实验采用日本日立公司生产的 SU-70 型场发射扫描电子显微镜（field emission scanning electron microscopy，FESEM）对复合材料的断面进行微观形貌观察，同时可以利用 SEM 的能谱仪（EDS）附件对其进行元素组成分析。测试时参数设置：电压 15 V。

FESEM 样品的制备：

① 测试前样品采用无水乙醇清洗及真空干燥；

② 用碳碳双面导电胶粘在样品台上；

③ 样品经离子溅射仪喷金处理后进行观察。

2.3.4 傅里叶变换红外光谱

本实验采用德国生产的 TENSOR Ⅱ 型傅里叶变换红外光谱仪（Fourier transform infrared spectroscopy，FTIR），使用 KBr 压片作为背景。样品的制备：将 0.5 mg 试样与 200 mg KBr 混合后，研磨压制成薄片，之后进行红外光谱分析。

2.3.5 块体材料密度测试

本实验采用阿基米德排水法测试 SPS 烧结得到的块体材料的密度 d。首先将样品表面打磨、抛光，去离子水中煮沸 3 h 并在原水中室温浸泡 24 h。样品充分吸水后在水中的质量 m_2 和空气中的质量 m_3 采用电子秤称量，样品真空干燥后再次称量其空气中的质量 m_1，样品密度计算公式如下：

$$d = \frac{m_1}{m_3 - m_2} d_{H_2O}(T) \qquad (2-1)$$

式中　d_{H_2O}——测试温度为 T 时去离子水的密度。

复合材料的理论密度 d_t 的计算公式如下：

$$d_t = \frac{1}{\sum \frac{w_i}{d_i}} \qquad (2-2)$$

式中　w_i——第 i 组分的质量百分比含量；

　　　d_i——第 i 组分的理论密度。

根据复合材料的理论密度和实验所得密度计算出复合材料的相对密度（d_r）：

$$d_r = \frac{d}{d_t} \times 100\% \qquad (2-3)$$

2.3.6 磁性能测试

本实验采用美国生产的 LDJ9500 型振动样品磁强计测量所制备复合

材料粉体的磁性能。从测试曲线中可以得到样品的比饱和磁化强度、矫顽力和剩余磁化强度等参数。仪器灵敏度：5～10 emu。测量范围：0.01～100 emu，共分 5 挡。时间常数：0.1～300 s，共分 7 挡。最大测量磁场：1 T（1 T=10000 Oe）。温度测量范围：77～400 K，室温至 900 K。

2.3.7 温控效应测试

本实验采用 DHU 型光纤测温仪测量复合材料粉体在高频感应加热设备的紫铜线圈围成的交变磁场中的温度变化，如图 2-2 所示。

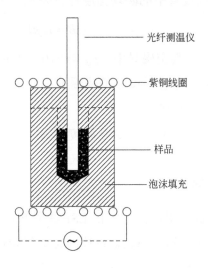

图 2-2 交变磁场中样品温度测试示意图

实验步骤：

① 称取一定量的复合粉体置于离心管中，并将其放置在磁场中；

② 为减少磁流体与外界的热交换，离心管周围填充泡沫保温；

③ 将光纤测温仪的探头插入复合粉体内部，待温度示数恒定后打开感应加热装置；

④ 每隔 1 s 记录一次磁流体的温度变化。

光纤测温仪主要技术指标：

① 测温范围：−40～150 ℃；

② 分辨率：0.1 ℃；

③ 测量误差：±1 ℃；

④ 采样时间：<1.5 s。

SPG-20B 型频感应加热设备主要参数：

① 输入功率：20 kV·A；

② 输出电流：5～60 A；

③ 振荡频率：50～250 kHz。

紫铜线圈直径 10 mm，共 8 匝，电流最高 60 A，频率恒定为 215 kHz，根据通电螺线管中的磁场强度计算公式[112]：

$$B = \mu_0 n I \qquad (2-4)$$

式中　μ_0——真空磁导率，$\mu_0 = 4\pi \times 10^{-7}$ H/m；

　　　n——单位长度上的线圈数；

　　　I——电流。

计算出线圈中最大磁场强度约为 1.92 kA/m。

2.3.8　电学性能测试

本实验使用德国生产的 LSR-3 型塞贝克系数/电阻测试仪对复合材料的电导率和 Seebeck 系数同时进行测试。样品的标准尺寸为(1～3) mm×(1～3) mm×(8～15) mm，其测试原理如图 2-3 所示。

测量电导率（σ）时样品处于恒温环境且只存在恒定电场，样品中通过一已知恒定电流[88,113]。电导率如下式：

$$\sigma = \frac{I\Delta x}{AV_1} = \frac{1}{R} \times \frac{\Delta x}{A} = \frac{1}{R_0} \times \frac{V_2}{V_1} \times \frac{\Delta x}{A} \qquad (2-5)$$

式中　I——通过样品的电流；

　　　R——探针两端样品的电阻；

　　　V_1——a、b 探针间的电压；

　　　V_2——标准电阻两端的电压；

　　　R_0——标准电阻；

Δx——两探针间的距离；

A——垂直于电流方向上的样品的横截面积。

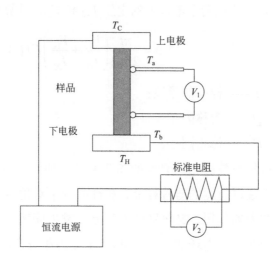

图 2-3　电学性能测试原理图

Seebeck 系数测试时将待测样品处于恒温环境中，为建立一个微小的温差 ΔT，局部加热下样品台（T_H），从而使样品的两端存在 $\Delta T=T_H-T_C$。测试过程中，a、b 两热电偶探针测量样品接触点温度 T_a、T_b 的同时测试此温差下样品两端的电动势 V_1，计算得到 Seebeck 系数：

$$S = \frac{V_1}{\Delta T} \qquad (2\text{-}6)$$

在实际测量过程中导线的 Seebeck 系数需要扣除，而 Seebeck 电动势则需要通过正反方向的电流来消除。

本实验整个测试系统的温度由炉膛内控温热电偶控制，每隔 100 ℃ 取一温度点进行测试，取三个数据求平均值即得到该温度下的电学性能。

2.3.9　霍尔系数测试

本实验使用英国 Accent Optical 公司生产的 HL5500PC 型霍尔效应测试仪对复合材料的霍尔系数进行测试，该系统的测试温度范围为

77～500 K，磁场由永磁体提供。测试时首先得到样品的电阻率，具体的原理如图 2-4（a）所示。依次在样品 1、2 和 2、3 的电极上加上电流 I_{12} 和 I_{23}，测试两个电极上的电压 V_{43} 和 V_{14}，计算样品的面电阻系数为：

$$\rho = \frac{\pi t}{2\ln 2}\left(\frac{V_{43}}{I_{12}} + \frac{V_{14}}{I_{23}}\right)F(Q) \tag{2-7}$$

式中　t——样品的厚度；

　　　Q——对称因子；

　　　F——修正因子。

　　霍尔系数的测试原理如图 2-4（b）所示。将场强度为 B 的均匀磁场垂直通过待测的薄片样品，在样品两个对角点上通入一电流 I，由于洛伦兹力的作用，定向移动的载流子发生偏转且方向垂直于 I，样品在该方向产生一电场 E。当 E 与洛伦兹力相抵消时，载流子不再偏转，此时霍尔电压 V_H 在垂直于 I 方向产生。

$$V_H = R_H\frac{IB}{t} \tag{2-8}$$

式中　R_H——霍尔系数；

　　　t——样品的厚度。

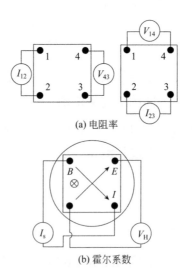

(a) 电阻率

(b) 霍尔系数

图 2-4　测试原理图

锰锌铁氧体
复合材料制备及应用

样品室温载流子浓度 n 和迁移率 μ 由载流子浓度、迁移率与霍尔系数计算得出:

$$n = \frac{1}{qR_H} \qquad (2\text{-}9)$$

$$\mu = \frac{R_H}{\rho} \qquad (2\text{-}10)$$

式中 q——电子或空穴的电量。

2.3.10 热导率测试

热导率 κ 可通过式（2-11）计算得出:

$$\kappa = DC_p d \qquad (2\text{-}11)$$

式中 D——热扩散系数;

C_p——热容;

d——块体样品的密度。

热扩散系数和热容均使用德国耐驰公司生产的 Netzsch LFA 457 MicroFlash® 型激光法导热分析仪测量得出，温度范围与样品电学性能的测试范围相同，样品尺寸为 ϕ12.7 mm×1 mm 的圆片。其测试原理如图 2-5 所示。

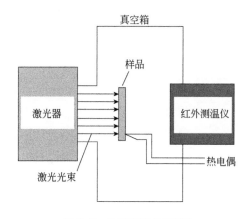

图 2-5 热导率测试原理图

Chapter 3

—

第 3 章

—

碳纳米管/锰锌铁氧体复合材料的温控效应

- 碳纳米管表面处理
- 碳纳米管/锰锌铁氧体复合材料粉体的制备工艺
- 结果与讨论
- 碳纳米管/锰锌铁氧体复合材料的温控机理
- 本章小结

热疗对于材料的温度稳定性要求极为严格，因此对于磁热疗材料，要想实现精确控温，升温速度稳定以及材料分散良好成为一个急需解决的问题。锰锌铁氧体是一种尖晶石型铁氧体，具有良好的磁性能、生物相容性及化学稳定性等特点，在磁靶向热疗领域具有广阔的应用前景[114]。碳纳米管负载铁氧体可以减少纳米颗粒团聚，而且碳纳米管可以作为承载/分散磁性纳米颗粒的载体，表现出更优越的光/电/磁性能[115]。目前对碳纳米管应用于温控材料的研究较少，因此本章采用化学共沉淀法制备了多壁碳纳米管与锰锌铁氧体的复合粉末，并研究了锌掺杂量、碳纳米管含量、粉体质量及交变磁场电流强度对其温控效应的影响。

在复合粉末制备前对碳纳米管进行了表面处理，利用浓硝酸除去碳纳米管表面的无定型碳和金属催化剂等杂质颗粒，使碳纳米管短切并且产生官能团，为制备碳纳米管复合材料做准备。通过调整锌掺杂量及碳纳米管的添加量对复合材料粉体在交变磁场下的产热量及温控效应进行分析，探讨其作用机制。

3.1
碳纳米管表面处理

3.1.1 实验材料

本实验使用的试剂为浓硝酸，碳纳米管为多壁碳纳米管，由中国科学院成都有机化学有限公司提供。

3.1.2 碳纳米管表面处理方法

碳纳米管表面处理方法如下：

① 称取 0.5 g 碳纳米管放入三口烧瓶中，加入 300 mL 浓硝酸并超声分散均匀。

② 将三口烧瓶放进电热套中，120 ℃保温 3 h。为防止浓硝酸挥

发，纯化过程中保持冷却水回流，且磁力搅拌速度不变。

③ 自然冷却至室温，用去离子水将 MWNTs 抽滤清洗至中性。

④ 将所得黑色固体放在真空干燥箱中，80 ℃干燥至恒重，研磨，过筛。

3.1.3 TEM 分析

图 3-1 是浓硝酸处理对碳纳米管形貌的影响，图（a）为未经处理的原始 MWNTs，图（b）是经过浓硝酸回流处理的 MWNTs。通过观察碳纳米管的形态变化，可以发现原始碳纳米管表面有许多杂质，这些杂质一般为生产碳纳米管时残留的催化剂颗粒和无定形碳。经浓硝酸处理后，碳纳米管表面的杂质显著减少，可以清晰地看见碳纳米管的中空结构，同时端口基本打开、平均长度减小，分散程度显著提高。

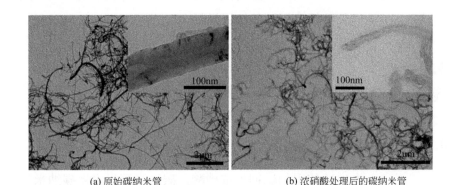

(a) 原始碳纳米管   (b) 浓硝酸处理后的碳纳米管

图 3-1　碳纳米管形貌

3.1.4 FTIR 光谱分析

图 3-2 为原始碳纳米管和经浓硝酸处理后碳纳米管的红外光谱图，从图中可以看到，原始碳纳米管没有出现明显的官能团吸收峰，经浓硝酸处理后碳纳米管在波长为 3419 cm^{-1} 处存在较强的羟基吸收峰，同时在 1701 cm^{-1} 处出现了明显的羧基吸收峰，在 2358 cm^{-1} 和 2332 cm^{-1}

处出现甲基振动峰，在 1560 cm⁻¹ 处出现了 C—C 结构峰。这说明浓硝酸对碳纳米管有强氧化侵蚀作用，回流处理能使碳纳米管表面拥有丰富的官能团，提高其表面活性。大量官能团的产生有利于碳纳米管对金属离子的吸附，为锰锌铁氧体的包覆提供可能。

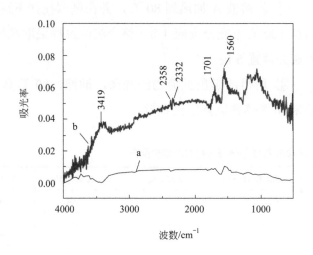

图 3-2　红外光谱分析

a—原始碳纳米管；b—浓硝酸处理后的碳纳米管

3.2
碳纳米管/锰锌铁氧体复合材料粉体的制备工艺

3.2.1　实验材料

本实验使用的实验试剂还有：$MnCl_2 \cdot 4H_2O$，$ZnCl_2$，$FeCl_3 \cdot 6H_2O$，$NaOH$，表面处理后的多壁碳纳米管。

3.2.2　碳纳米管/锰锌铁氧体复合粉体的制备

表 3-1 为制备碳纳米管/锰锌铁氧体（MWNTs/Mn$_{1-x}$Zn$_x$Fe$_2$O$_4$）复合粉体所需的原料质量，实验具体步骤如下：

① 分别称取质量含量 0%～8%经过表面改性处理的碳纳米管和

NaOH 溶于 150 mL 去离子水，并进行超声分散 30 min，制成溶液 A；

② 称取一定量的 $ZnCl_2$、$MnCl_2 \cdot 4H_2O$ 和 $FeCl_3 \cdot 6H_2O$（Mn：Zn：Fe 的摩尔比为 $1-x$：x：2）溶于 150 mL 去离子水，制成溶液 B，本实验 x 值分别取 0.0、0.1、0.3、0.5；

③ 将溶液 A 加热到 80 ℃，并在剧烈搅拌下逐滴加入溶液 B，然后在 100 ℃下充分反应 1 h（整个沉淀过程采取高纯氮保护），冷却至室温并静置 5 h；

④ 所得的黑色沉淀物经洗涤，抽滤，80 ℃真空干燥后即得到碳纳米管/锰锌铁氧体磁性颗粒。

表 3-1 碳纳米管/锰锌铁氧体复合材料的原料配方

x	$MnCl_2 \cdot 4H_2O$/g	$ZnCl_2$/g	$FeCl_3 \cdot 6H_2O$/g	NaOH/g	MWNTs/%
$x=0.0$	4.2903	0	11.7194	6.9369	2
$x=0.1$	3.8438	0.2941	11.6665	6.9056	2
$x=0.3$	2.9630	0.8745	11.5622	6.8438	0, 2, 4, 6, 8
$x=0.5$	2.0976	1.4446	11.4598	6.7832	2

3.3
结果与讨论

3.3.1 复合材料物相及形貌

图 3-3（a）为锌掺杂量不同的碳纳米管/锰锌铁氧体（碳纳米管质量含量为 2%）复合材料粉体的 XRD 图谱，x 值分别为 0.0、0.1、0.3、0.5。从图中可以看出 $x=0.0$ 时，产物在 $2\theta \approx 29.74°$、$35.1°$、$42.64°$、$52.84°$、$56.22°$、$61.82°$ 处均出现明显的衍射峰，分别对应立方尖晶石铁氧体的（220）、（311）、（400）、（422）、（511）和（440）晶面的衍射峰，与 JCPDS 卡片 PDF#73-1964 的数据对照表明，包覆物为锰铁氧体。随 Zn 含量的增加，样品的衍射峰向低角度方向偏移，与锰锌铁氧体的衍射峰对应。利用 Scherrer[116] 公式估算纳米晶粒的平均晶粒尺寸。

$$D = 0.89\lambda / \beta\cos\theta \qquad\qquad (3\text{-}1)$$

式中　　D——晶粒直径；

　　　　λ——X 射线波长（λ=1.5405）；

　　　　θ——入射线束与某一晶面所成的掠射角；

　　　　β——半峰值强度处衍射线条的宽化度。

计算得到的晶粒的平均粒径如图 3-3（b）所示，约为 2 nm，且随 Zn^{2+} 含量的增加先减小后增大，当 x=0.3 时粒径达到最小值。这是由于锰锌铁氧体在晶粒长大过程中，Mn^{2+} 比 Zn^{2+} 更易于聚集成核，Mn^{2+} 可以进入 A 位和 B 位中的任何一位，而 Zn^{2+} 有强的占据 A 位化学倾向性，因此晶粒长大过程中 Zn^{2+} 被容纳的灵活性较小。另外由于离子半径 $r(Mn^{2+})>r(Zn^{2+})>r(Fe^{3+})$，随着 Zn^{2+} 含量的增加，晶格常数逐渐减小，这也是造成粒径 Zn 含量的增加逐渐减慢的一个原因。

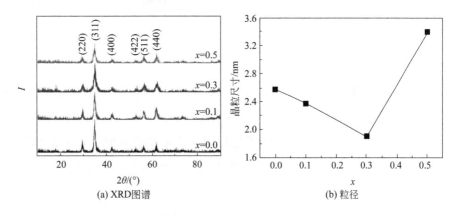

图 3-3　不同锌掺杂量碳纳米管/锰锌铁氧体复合材料粉体的 XRD 图谱和粒径

图 3-4（a）为不同碳纳米管含量的碳纳米管/锰锌铁氧体复合材料粉体的 XRD 图谱，x=0.3，碳纳米管质量含量分别为 0%、2%、4%、6%、8%。从图中可以看出共沉淀法制备出的复合材料均出现了锰锌铁氧体的特征峰，且衍射峰明显，无杂峰出现，结晶状态好。随着碳纳米管含量的增加，在 $2\theta\approx26.48°$ 处出现碳纳米管的衍射峰（002）。由 Scherrer 公式估算的纳米晶粒的尺寸如图 3-4（b）所示，平均粒径

要小于图 3-4（b）中样品的粒径。从图中可以看出一定量的碳纳米管对减小复合材料晶粒的尺寸有利，当碳纳米管质量含量为 8%时粒径最小。

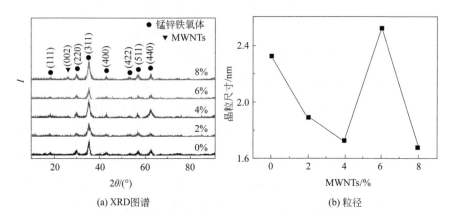

图 3-4　不同碳纳米管含量的碳纳米管/锰锌铁氧体复合材料粉体的 XRD 图谱和粒径

图 3-5 为碳纳米管/锰锌铁氧体复合材料的制备过程，首先将碳纳米管经浓硝酸进行表面处理，使其表面存在大量羧基。化学共沉淀过程中，由于静电作用 Mn^{2+}、Zn^{2+}、Fe^{3+} 被吸收到碳纳米管表面羧基密集的位置上，从而形成锰锌铁氧体纳米微晶。由于布朗运动和范德瓦耳斯力的吸引[117,118]，当排斥反应不足以阻止它们的进入时，纳米晶体便开始聚合生长，最后，这些纳米晶体形成了球形的聚合。纳米晶体定向聚合的主

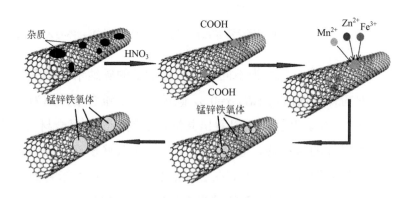

图 3-5　碳纳米管/锰锌铁氧体复合材料制备示意图

要驱动力归因于高表面能量的降低趋势，且磁性纳米晶体的双极作用也有助于它们的聚集。由于碳纳米管在浓硝酸处理后两端端口打开，部分金属离子进入碳纳米管管壁内，并形成锰锌铁氧体纳米颗粒。

锰锌铁氧体（$x=0.3$）粉体颗粒如图 3-6（a）所示，可以看出共沉淀法制备出的颗粒呈不规则的球形结构，平均粒径与 Scherrer 公式估算相近，且存在明显的团聚现象。图 3-6（b）为碳纳米管质量含量为 2%、$x=0.3$ 的碳纳米管/锰锌铁氧体复合材料粉体。可以看到，加入碳纳米管后，黑色的铁氧体颗粒附着于碳纳米管的管壁上，包覆良好，对铁氧体的团聚现象也有所改善。部分锰锌铁氧体颗粒如图 3-6（b）中箭头所示，在碳纳米管管壁内形成。

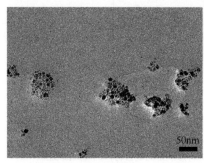 

(a) 锰锌铁氧体   (b) 碳纳米管质量含量为2%的碳纳米管/锰锌铁氧体复合材料粉体

图 3-6　TEM 图对比

3.3.2　锌掺杂量对复合材料温控效应的影响

本实验复合材料中碳纳米管为多壁碳纳米管，其质量含量为 2%，锌掺杂量为 $x=0.0$、0.1、0.3、0.5。

图 3-7 为不同锌掺杂量的复合材料在室温下的磁滞回线图，从表 3-2 数据可知产物的剩余磁化强度 M_r 和矫顽力 H_c 都非常小，可忽略不计，磁滞回线近乎一条曲线。且根据 Scherrer 公式估算出复合材料晶粒的尺寸均在纳米尺度范围内，因此碳纳米管/锰锌铁氧体复合材料在室温下具有顺磁性。

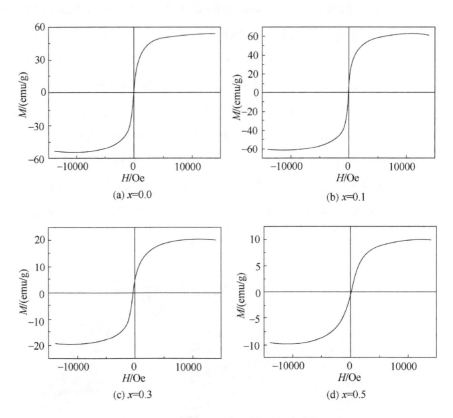

图 3-7　不同锌掺杂量的复合材料的磁滞回线图

表 3-2　不同锌掺杂量的复合材料的室温磁参数和电导率

x	M_s/(emu/g)	M_r/(emu/g)	H_c/Oe	σ/(S/m)
0.0	53.2	0.0792	0.1787	434
0.1	60.7	0.0813	0.1658	283
0.3	20.1	0.0175	0.1419	108
0.5	9.88	0.0034	0.3181	118

　　产物的比饱和磁化强度如表 3-2 中所示，结果表明随着锌掺杂量从 $x=0.0$ 增加到 $x=0.1$，碳纳米管/锰锌铁氧体复合材料的比饱和磁化强度 M_s 从 53.2 emu/g 增加到 60.7 emu/g。随着 Zn^{2+} 含量的进一步增加，复合材料的比饱和磁化强度逐渐减小。在锰锌铁氧体中，Zn^{2+} 与

Mn^{2+}在间隙位置的占位与其磁性能密切相关。锰锌铁氧体的总磁矩是A、B 次晶格磁矩相互抵消剩下的磁矩，即 $M=|M_B-M_A|$，M_A 和 M_B分别为 A、B 次晶格磁性离子所具有的磁矩，其差值决定了铁氧体的比饱和磁化强度。当 $x=0$ 时，锰铁氧体中 Mn^{2+}优先占据四面体间隙（A 位），Fe^{3+}则部分占据 A 位，部分占据八面体间隙（B 位）。Zn^{2+}占据 A 位的倾向性更强，因此随着非磁性离子 Zn^{2+}的添加，必将 A位上的磁性离子 Mn^{2+}、Fe^{3+}挤到 B 位，由原来与此 B 位离子产生超交换作用的 A 位为 Zn^{2+}所占据，因而处于这一 B 位的磁性离子将失去 A-B 间超交换作用，从而使 A 位磁矩减小的同时 B 位磁矩增大，因此分子磁矩增加，宏观表现为 M_s增大。当 Zn^{2+}含量增加到 0.1 时，A、B 次晶格离子自旋反平行耦合的净磁矩达到最大，即 M_s 最大。随着 Zn^{2+}含量进一步增加到 $x>0.1$ 时，将会出现这样一些 B 位，由原来与此 B 位离子产生超交换作用的 A 位为 Zn^{2+}所占据，而 Zn^{2+}为非磁性离子，因而这些 B 位磁性离子将失去与 A 位间产生超交换力的对象，即 A-B 超交换作用消失。同时这些失去超交换作用的 B 位受到周围 B 位磁性离子的 B-B 交换作用，使得这些 B 位离子的磁矩与其他多数 B 位离子的磁矩反平行，相当于 B 位的磁矩数下降，因此过多地加入 Zn^{2+}将会使 M_s减小。

图 3-8 为 0.1 g 不同锌掺杂量的复合材料粉体在 60 A 的磁场中的温度变化曲线，为了曲线之间进行对比，温度变化的时间范围设定为 0～1800 s。本实验环境温度保持为 27 ℃，后述实验该条件相同，不再重述。从图 3-8 中可以看出所有复合材料在初始时间段内温度变化明显，随着时间延长，温度逐渐稳定。铁氧体在交变磁场中的产热机理主要包括涡流损耗（$P_e = K_e d^2 B^2 f^2 \sigma$）、磁滞损耗（$P_h = p_h f M_s H_c$）、尼尔弛豫和布朗弛豫。涡流损耗与样品的电导率成正比，$x=0.0$、0.1、0.3、0.5 的样品室温电导率 σ 见表 3-2，电导率值较大且随温度的升高而增大，导致样品的涡流损耗产热较大。同时本实验产物的粒径较小，弛豫时间较短，弛豫产热较多，因此产物表现出更高的产热量。当 $x=0.0$时，样品在交变磁场中温度升高了 83.5 ℃，随着锌掺杂量的增加，样

品的升温速度和幅度先增加后减小。当 $x=0.1$ 时样品在交变磁场中温度可升高 98.2 ℃，产热量高于当 $x=0.0$ 时的样品。这可能是由于 $x=0.1$ 时样品的 M_s 最大，导致其磁滞损耗产热量最大，同时，该样品晶粒尺寸更小，增加了弛豫产热。随着锌掺杂量的继续增加，样品的温度变化曲线的斜率明显逐步减小，当 $x=0.5$ 时，样品仅升高 6.1 ℃。此外，Zn^{2+} 在锰锌铁氧体的尖晶石晶体结构中极易占据 A 位，随着其含量的增加，A-B 间超交换作用减弱，居里温度也随之减小，从而降低复合材料在交变磁场中的产热量。因此，通过调节锌掺杂量，可以调节复合材料的产热量，但从图 3-8 可以看到，温控调节范围分布极为不均匀，没有一种复合材料可以将温度恒定在 20～70 ℃范围内。当 $x=0.3$ 时，样品最终分别升高 18.8 ℃，加上环境温度，温度可长时间稳定在 45.8 ℃，符合热疗 42～48 ℃的温度要求，具有实际应用意义。

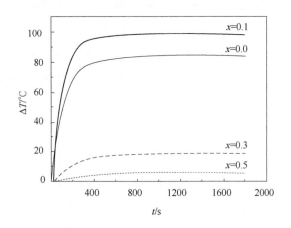

图 3-8　不同锌掺杂量碳纳米管/锰锌铁氧体复合材料粉体温度随时间的变化曲线

3.3.3　碳纳米管含量对复合材料温控效应的影响

本实验复合材料 $x=0.3$，碳纳米管为多壁碳纳米管，其质量含量分别为 0%、2%、4%、6%、8%。

图 3-9 为不同碳纳米管含量的碳纳米管/锰锌铁氧体复合材料在室温下的磁滞回线图，且根据 Scherrer 公式估算出复合材料晶粒的尺寸

同样在纳米尺度范围内。产物的 M_s 如表 3-3 所示，锰锌铁氧体的比饱和磁化强度为 23.7 emu/g，随着碳纳米管的添加，碳纳米管/锰锌铁氧体复合材料的 M_s 一开始呈现减小趋势，当碳纳米管的质量含量为 2%时，M_s 减小到 20.1 emu/g。这主要是由于复合材料的磁性能主要取决于磁性粒子的性能及其在复合物中的含量，非磁性材料碳纳米管的加

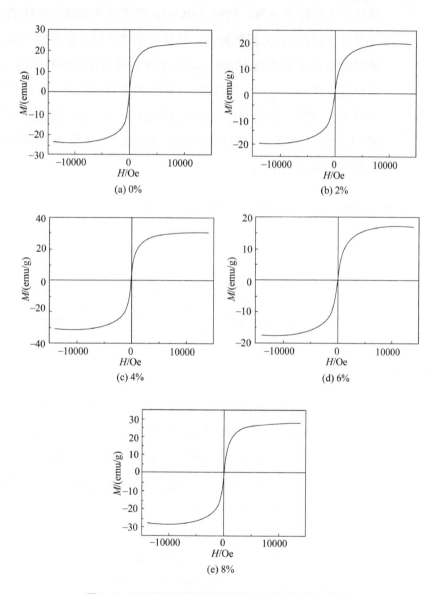

图 3-9 不同碳纳米管质量含量的复合材料的磁滞回线图

入对锰锌铁氧体的磁性起到了一种稀释作用，从而使复合材料的 M_s 减小。但当碳纳米管质量含量继续增加到 4%时，样品的 M_s 并没有继续减小反而达到最大值 30.7 emu/g。这可能是由于锰锌铁氧体颗粒为纳米级，颗粒间会出现团聚现象，从而降低了其本身的 M_s。随着碳纳米管含量的增加，锰锌铁氧体颗粒均匀包覆在碳纳米管表面，改善了磁性粒子的团聚现象，同时 MWNTs 可能受到锰锌铁氧体的磁化，从而使复合材料的 M_s 得到提高，甚至高于纯的锰锌铁氧体颗粒。当碳纳米管质量含量增加到 6%时，碳纳米管的稀释作用使样品的 M_s 减小到最小值 17.2 emu/g。而 8%的复合材料的平均粒径最小，晶粒尺寸与磁性粒子分散情况的相互作用使得样品的 M_s 得到一定提高。产物的 M_r 和 H_c 如表 3-3 所示，本实验产物的 M_r 均较小，而 H_c 随碳纳米管含量的增加先减小后增大。

表 3-3　不同碳纳米管含量的复合材料的室温磁参数和电导率

MWNTs	M_s/(emu/g)	M_r/(emu/g)	H_c/Oe	σ/(S/m)
0%	23.7	0.0279	2.8031	
2%	20.1	0.0175	0.1419	108
4%	30.7	0.0404	0.0868	90
6%	17.2	0.0093	4.9722	153
8%	28.2	0.0317	4.3451	422

图 3-10 为 0.1 g 不同碳纳米管含量的复合材料粉体在 60 A 的磁场中的温度变化曲线。可以看到复合材料的产热量与 M_s 并不成正比，当碳纳米管质量含量从 0%增加到 6%时，样品的升温幅度从 16.5 ℃增加到 26.4 ℃，且升温速度也明显增大。这可能是由于纯的锰锌铁氧体电导率较小导致测试仪器无法测试样品，因此其涡流损耗产热可忽略不计，最终导致样品的产热较低。

当碳纳米管质量含量分别为 2%、4%、6%时，样品的室温电导率 σ 见表 3-3，且随温度的升高而增大，导致样品的涡流损耗产热增大。

而从上述分析可知当碳纳米管质量含量为 0%～4%时，样品的晶粒尺寸逐渐减小，复合材料的弛豫产热增加。此外，粉体中的碳纳米管有可能形成涡流环路，碳纳米管含量的增加相当于增加了材料的涡流环路直径，从而增加了涡流损耗，增大了产热量。因此当碳纳米管含量为0%～6%时，复合材料在交变磁场下的产热量随碳纳米管含量的增加而增大。随着碳纳米管含量的继续增加，样品的升温幅度和速度都明显减小，当碳纳米管质量含量为8%时，样品仅升高 10.8 ℃。这可能是由于复合材料在交变磁场中的产热量主要取决于磁性粒子的性能及其在复合物中的含量，碳纳米管的加入对锰锌铁氧体的磁性起到了一种稀释作用，当碳纳米管的含量过高时，使复合材料的产热量降低。通过调节碳纳米管含量，可以调节复合材料的产热量，且与图3-8 相比，本实验复合材料的温控调节范围分布更加均匀。结果表明碳纳米管质量含量为0%、2%和 4%的复合材料最终分别升高 16.5 ℃、18.8 ℃和 19.8 ℃，加上环境温度，温度可长时间稳定在 43.5 ℃、45.8 ℃和46.8 ℃，符合热疗 42～48 ℃的温度要求。为了进一步确定稀释作用，对碳纳米管质量含量为0%复合材料的磁热效应进行测试，结果表明该样品基本无产热。

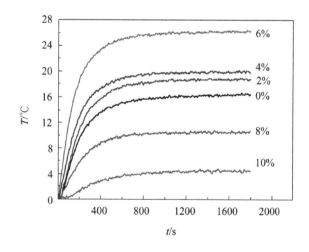

图3-10 不同碳纳米管含量的复合粉体温度随时间的变化曲线

3.3.4 质量对复合材料温控效应的影响

本实验复合材料 $x=0.3$，碳纳米管为多壁碳纳米管，其质量含量为2%。

图 3-11 为不同质量的复合材料粉体在 60 A 的磁场中的温度变化曲线，质量分别取 0.1 g、0.2 g、0.3 g。为了曲线之间进行对比，温度变化的时间范围设定为 0~1800 s。由图 3-11 可以看出，随复合材料粉体质量的增加，升温幅度和速度增加，且复合材料达到一定温度的时间减短。但样品的升温普遍不高，当样品增加到 0.3 g 时温度升高到 23 ℃。碳纳米管/锰锌铁氧体复合材料的升温过程是其在交变磁场的作用下产生热量，然后将热量传递到周围环境的过程，因此复合材料的质量越多，样品中包含的磁性颗粒数量越多，导致样品产生的总热量越多。当质量为 0.1 g 和 0.2 g 时，复合材料最终分别升高 18.8 ℃和 20 ℃，加上环境温度，温度可长时间稳定在 45.8 ℃和 47 ℃，符合热疗 42~48 ℃的温度要求，但 0.1 g 时更具经济价值。

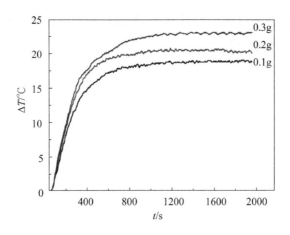

图 3-11 不同质量的复合粉体温度随时间的变化曲线

3.3.5 电流对复合材料温控效应的影响

本实验复合材料 $x=0.3$，碳纳米管为多壁碳纳米管，其质量含量为 2%。

图 3-12 为 0.1 g 复合材料粉体在不同电流的磁场中的温度变化曲线，磁场电流分别为 20 A、40 A、60 A。可以看出，随着螺旋管中电流的增大，复合材料的升温幅度和速度增加。电流为 20 A 时，碳纳米管/锰锌铁氧体复合材料产生的热量很小，仅升高 3.2 ℃。当电流增大到 40 A 时，复合材料产生的热量有一定的提高，增加到 7.2 ℃，是 20 A 的两倍多，且升温速度也得到很大提高。当电流进一步增大到 60 A 时，曲线的斜率得到大幅度提高，说明复合材料粉体产热的速度加快，且样品最终升高 18.8 ℃，加上环境温度，符合热疗 42～48 ℃ 的温度要求。

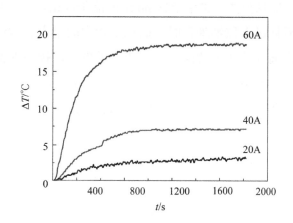

图 3-12　不同电流时复合粉体温度随时间的变化曲线

3.4
碳纳米管/锰锌铁氧体复合材料的温控机理

碳纳米管/锰锌铁氧体复合材料在交变磁场下可以产生热量，当升高到一定温度后便保持恒定不再增加。复合材料的温控效应可能取决于材料的居里温度，它是磁性物质转变为非磁性物质的温度临界点，即碳纳米管/锰锌铁氧体在居里温度以下时为强磁性物质，在交变磁场下产生热量，当温度达到居里温度时，复合材料转变为非磁性物质，不能吸收电磁能，材料升温停止，并保持恒温。非磁性碳纳米管的加入本应降低复合材料的居里温度，从而使复合材料的产热量降低，但从上述分析可知，2%～6%的碳纳米管的添加反而使复合材料的产热量提高。因此碳纳米管/锰锌铁氧体复合材料的温控机理不仅仅取决于材料的居里温度，还有可能是以下几个方面：

① 根据法拉第电磁感应定律，磁性材料的交流磁化过程会产生感应电动势，因而碳纳米管/锰锌铁氧体复合材料内会产生电流，碳纳米管的加入有可能使复合材料的热电性能提高，产生 Peltier 效应。碳纳米管为 p 型热电材料，而锰锌铁氧体为 n 型。由于复合材料中锰锌铁氧体的数量要远大于碳纳米管，因此电流由锰锌铁氧体进入碳纳米管的可能性更大。由半导体 pn 结的能带理论可知，当电流方向是由锰锌铁氧体进入碳纳米管时，碳纳米管中的空穴和锰锌铁氧体中的自由电子作离开接头的背向运动形成少子电流，接头处价带内的电子跃入导带形成自由电子，在价带中留下一个空穴，即产生电子-空穴对，这个过程要吸收大量的热量，产生制冷效果。吸热过程如图 3-13（a）所示，因此复合材料在交变磁场下产生的一部分热量会被吸收，从而达到恒温的效果。

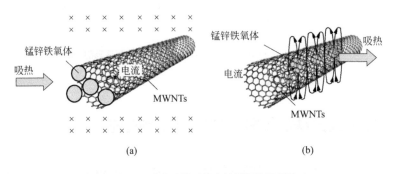

图 3-13　碳纳米管对复合材料温控示意图

② 部分纳米锰锌铁氧体颗粒有可能进入碳纳米管管壁内，如图 3-13（b）所示，磁性颗粒在碳纳米管周围局部产生了一个小磁场，由于电磁感应而在导体碳纳米管中产生局部电流，当复合材料具有热电性能时，根据 Peltier 效应，在局部产生电制冷现象，吸收复合材料

在交变磁场下产生的一部分热量，从而达到恒温的效果。

以上两种温控机制都需要复合材料具备热电性能，因此对以锰锌铁氧体为基体的复合材料热电性能的研究意义重大，既可以证实温控机制的正确性，又可以考查该复合材料是否具有作为热电材料的潜力。

本章小结

① 采用化学共沉淀方法制备碳纳米管/锰锌铁氧体复合材料粉体，样品结晶良好，颗粒呈不规则的球形结构，平均粒径约为 2 nm。碳纳米管的加入可使锰锌铁氧体纳米颗粒均匀地附着在碳纳米管表面，对改善锰锌铁氧体颗粒的团聚现象有利。一定量 Zn^{2+} 或碳纳米管的添加可以降低碳纳米管/锰锌铁氧体复合材料的粒径，当 $x=0.3$ 时样品的粒径最小。

② 以碳纳米管/锰锌铁氧体复合材料的粉体为研究对象，研究表明复合材料各样品均表现出顺磁性，产物的比饱和磁化强度随锌掺杂量或碳纳米管含量的增加先增大后减小。Zn^{2+} 和碳纳米管的含量可以有效控制复合材料的产热量和升温速度，且都呈现出先增加后减少的变化趋势。相较于仅仅金属离子掺杂，碳纳米管与锰锌铁氧体复合材料的温控调节范围分布更均匀。与此同时，复合材料的质量和交变磁场的电流增加，也可以有效提高产热量和升温速度。当质量为 0.1 g，交变磁场电流为 60 A，$x=0.3$ 时，碳纳米管质量含量为 0%、2% 和 4%的复合材料最终分别升高 16.5 ℃、18.8 ℃和 19.8 ℃，加上环境温度，温度可长时间稳定在 43.5 ℃、45.8 ℃和 46.8 ℃，符合热疗 42～48 ℃的温度要求，具有实际应用意义。

③ Zn^{2+}对复合材料产热的作用机制主要是通过改变晶体结构来改变材料的比饱和磁化强度和晶体尺寸，对磁滞损耗、涡流损耗、尼尔弛豫和布朗弛豫等产热机制产生影响。而碳纳米管含量对复合材料产热的作用机制则不相同，升温情况与比饱和磁化强度不成正比。一方面是由于碳纳米管的添加增加了复合材料的电导率，从而增大了涡流损耗产热；另一方面，粉体中的碳纳米管有可能形成涡流环路，相当于增加了材料的涡流环路直径，从而增加了涡流损耗，增大了产热量，使得其比饱和磁化强度降低的情况下产热量增加。

④ 碳纳米管/锰锌铁氧体复合材料温控机制除了锰锌铁氧体的低居里温度外，另一个重要原因是由于法拉第电磁感应，碳纳米管/锰锌铁氧体复合材

料内会产生电流，碳纳米管的加入有可能使复合材料的热电性能提高，从而发生 Peltier 效应，产生制冷效果。复合材料在交变磁场下产生的一部分热量被该效应吸收，从而达到恒温的效果。此外，部分锰锌铁氧体颗粒有可能进入碳纳米管管壁内，使局部范围内存在一个微小的磁场，由于电磁感应而在导体碳纳米管中产生局部电流，当复合材料具有热电性能时，同样会发生 Peltier 效应，产生电制冷现象，使复合材料在交变磁场下可以长时间保持温度恒定。

Chapter 4

——

第 4 章

——

碳纳米管/锰锌铁氧体复合材料的热电性能

- 复合材料烧结工艺的确定
- 锌掺杂量对复合材料热电性能的影响
- 碳纳米管含量对复合材料热电性能的影响
- 碳纳米管种类对复合材料热电性能的影响
- 本章小结

Chapter 4

第4章

碳纳米管具有优良的电学性能，与锰锌铁氧体的复合可以起到优势互补的效果。由于表征材料热电性能优值的物理参量 S、σ、κ 具有相互影响、相互制约的特点，因此提高材料的热电性能需要综合优化各物理量以达到提高整体性能的目的。碳纳米管的电导率很高，将其引入锰锌铁氧体中，必然会引起电导率的提高，但同时碳纳米管的热导率也较高，碳纳米管的引入极有可能导致复合材料热导率的升高。从上一章可以知道，锌离子与碳纳米管的含量对复合材料的晶粒尺寸有一定的影响，从而引起其导电性能的变化，因此对碳纳米管及锌离子含量的优化设计可以起到提高热电性能的作用。同时由第 1 章可知，对于不同管壁的碳纳米管，其热电性能有较大区别，因此在锰锌铁氧体中引入不同种类的碳纳米管有可能引起热电性能的变化。而烧结工艺条件会直接引起材料晶粒尺寸及相对密度的变化，粒径与相对密度的增大会增加载流子浓度，提高电导率，但同时增大的晶粒尺寸会降低晶界散射声子的能力，对降低材料的热导率不利。因此对烧结工艺的优化设计同样具有重要的意义。

在上一章中，采用化学共沉淀方法获得了分散均匀的纳米碳纳米管/锰锌铁氧体复合粉体，本章在此基础上对其进行烧结以制备其块体复合材料，并对所得材料进行表征。本章采用的烧结工艺为放电等离子烧结（SPS），为避免碳纳米管的高温烧损，通常碳纳米管复合材料的烧结必须在非氧条件下进行。采用均匀实验法优化 SPS 烧结条件。为进一步考查碳纳米管/锰锌铁氧体复合的热电性能，制备了不同锌掺杂量、不同碳纳米管含量及不同种类碳纳米管的复合材料，并对其分别进行表征。

4.1
复合材料烧结工艺的确定

铁氧体磁性材料传统的烧结方法时间长，温度高，样品的晶粒尺寸通常在微米级，且密度较小，对提高材料的热电性能不利[116]。放电等离子烧结（spark plasma sintering，SPS）是一种通过脉冲电流对样品加热的新型快速致密化烧结技术，具有升温速度快、烧结时间短、组织结构可控、节能环保等鲜明特点。本实验是在日本思立生产的LABOX-110H 型放电等离子烧结炉上进行的，装置原理如图 4-1 所示。放电等离子烧结技术过程是在一个承压石墨模具上加上可控的脉冲电流，脉冲电流通过模具和样品本身。流经模具的电流产生焦耳热，流经样品的电流产生焦耳热且局部放电，当颗粒间的空隙处放电时，会瞬时产生高达几千至一万摄氏度的局部高温，颗粒受到脉冲电流加热和垂直单向压力的双重作用，加速了烧结致密化的进程，同时加热是在整个样品内进行，温度分布均匀，因此 SPS 可以在比较低的温度下和比较短的时间内得到高质量的烧结体，是快速制备致密化纳米材料的有效手段。利用 SPS 工艺在 800 ℃、9 kN 条件下烧结锰锌铁氧体 4 min，其密度可以达到理论密度的 96.8%[117]。

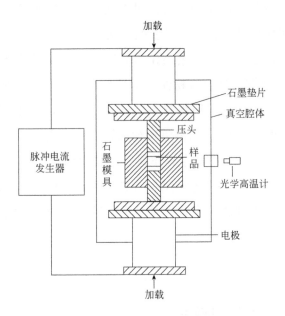

图 4-1　放电等离子烧结实验装置

本实验采用碳纳米管/锰锌铁氧体复合粉体为原料，其中 $x=0.3$，碳纳米管为多壁碳纳米管，其质量含量为 2%，制备方法如第 3 章所述，所得复合粉体不经后续热处理。将碳纳米管/锰锌铁氧体复合粉体称重后置于 ϕ15 mm 石墨模具中，然后在放电等离子烧结炉中进行烧结，升温速率为 100 ℃/min。

样品烧结工艺采用均匀实验法进行设计，选取烧结温度（T）、施加压力（P）和保温时间（t）三个因素，T 和 P 各取 6 个水平，t 取 3 个水平，如表 4-1 所示。根据因素和水平，选取均匀设计表 $U_6(6^2 \times 3)$（如表 4-2 所示）安排实验，该表的偏差为 0.2998。根据 $U_6(6^2 \times 3)$ 的使用表，将 T、P、t 分别放在表 4-2 中，得到实验方案如表 4-3 所示。

表 4-1　实验因素的水平表

水平	T/℃　X_1	P/MPa　X_2	t/min　X_3
1	550	10	5
2	600	20	10
3	650	30	15
4	700	40	
5	750	50	
6	800	60	

表 4-2　$U_6(6^2 \times 3)$ 的使用表

编号（No.）	1	2	3
1	2	3	3
2	4	6	2
3	6	2	1
4	1	5	3
5	3	1	2
6	5	4	1

表 4-3　实验方案

编号（No.）	T/℃	P/MPa	t/min
1	600	30	15
2	700	60	10

编号（No.）	T/℃	P/MPa	t/min
3	800	20	5
4	550	50	15
5	650	10	10
6	750	40	5

图 4-2 为 SPS 制备的碳纳米管/锰锌铁氧体复合材料的块体，可以看到，碳纳米管表面包覆纳米级锰锌铁氧体颗粒，经 SPS 烧结后，碳纳米管均匀分布于锰锌铁氧体颗粒间，并与其形成新的晶界，使复合材料的晶界数量增加，同时碳纳米管在铁氧体中形成导电网络。晶界可能发生能量过滤效应，增强 Seebeck 系数，并且晶界的声子散射增强，可以显著降低热导率。

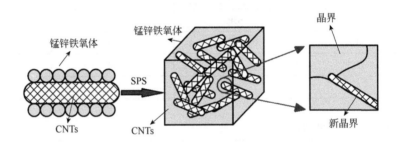

图 4-2　SPS 制备的碳纳米管/锰锌铁氧体复合材料的块体示意图

SPS 烧结后得到的圆片状块体样品需进行进一步加工以除去表面附着的石墨碳纸，具体步骤如图 4-3 所示。样品经砂纸打磨和清洗后置于真空干燥箱中干燥，得到约　14 mm×(2.5～3) mm 的圆片状块体样品。之后使用内圆切割机进行切割，所得产物经砂纸仔细打磨、清洗及真空干燥后分别得到约　1 mm×1 mm×8 mm 的长方柱状试样和约

12.7 mm×1.0 mm 的圆片试样，前者用于电导率 σ 和 Seebeck 系数 S 等的测试，后者用于载流子浓度 n、霍尔迁移率 μ、相对密度 d_r 及热导率 κ 等的测试。本实验中所有样品的热电性能测试均按图 4-3 所示的方法制备，以后各章不再重复叙述。

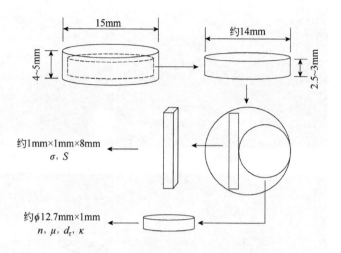

图 4-3　SPS 后所得块体的后续处理

经过不同 SPS 工艺条件制备的碳纳米管/锰锌铁氧体复合块体的 XRD 分析结果如图 4-4 所示。可以看出，1～6 号工艺所得的产物均为单晶锰锌铁氧体，无明显杂质峰出现，而由于碳纳米管含量较小，结果中没有碳纳米管的衍射峰出现。结果表明，SPS 工艺是一种非常有效的烧结碳纳米管/锰锌铁氧体复合材料的方法。

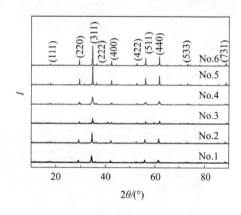

图 4-4　不同工艺条件制备的碳纳米管/锰锌铁氧体复合材料的 XRD 图谱

图 4-5 为不同 SPS 工艺条件烧结后块体样品断面的 SEM 图片及其 EDS 图谱，图 4-5（a）～（f）分别对应 1～6 号工艺的样品的 SEM 图，

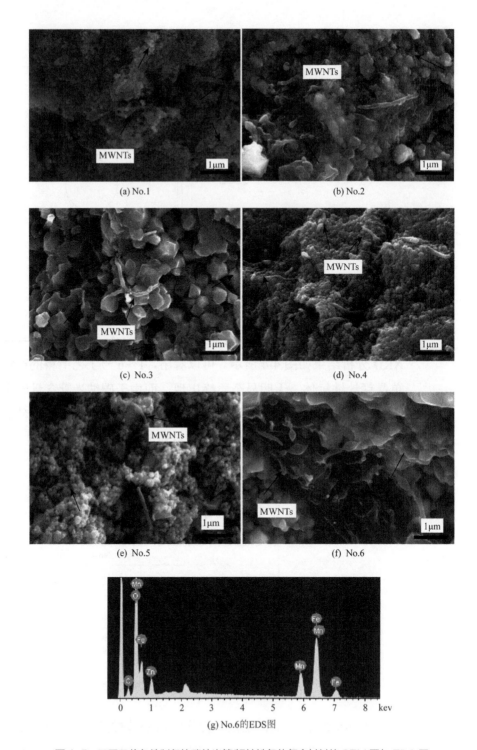

(a) No.1

(b) No.2

(c) No.3

(d) No.4

(e) No.5

(f) No.6

(g) No.6的EDS图

图4-5 不同工艺条件制备的碳纳米管/锰锌铁氧体复合材料的 SEM 图与 EDS 图

样品的颗粒、晶界和碳纳米管从断面图片中可以清楚地看到，且结果显示碳纳米管随机分布于锰锌铁氧体颗粒间，无明显团聚现象。对比图 4-5（a）和（d）可知，1 号样品（600 ℃，30 MPa，15 min）和 4 号样品（550 ℃，50 MPa，15 min）的晶粒细小且均匀，平均粒径约为 50 nm。5 号样品（650 ℃，10 MPa，10 min）局部晶粒长大比较明显且尺寸分布不均匀，晶粒尺寸约 50～300 nm。2 号样品（700 ℃，60 MPa，10 min）和 6 号样品（750 ℃，40 MPa，5 min）的晶粒尺寸明显增大且尺寸分布较为均匀，平均粒径约 200～500 nm。所有样品中 3 号样品（800 ℃，20 MPa，5 min）的平均粒径最大，晶粒尺寸约500～600 nm。结果显示，样品粒径的尺寸与烧结温度的关系密切，且随烧结温度的升高而增大。但当烧结温度为 800 ℃时，晶粒中出现一定程度的粘连、晶界不明显的现象，该现象可能是由于过烧。因此碳纳米管/锰锌铁氧体复合材料的适宜烧结温度应不高于 800 ℃。样品的相对密度 d_r 见表 4-4。1 号、4 号、5 号样品的相对密度均在 50%～60%，而 2 号、3 号和 6 号样品的相对密度比较高（>80%），尤其是 3 号样品相对密度达到 96%。该结果显示样品的相对密度与晶粒尺寸的大小相关，随粒径的增大而增大。而密度增大会导致载流子浓度的增加，这对提高电导率有利。但与此同时，增大的晶粒尺寸会降低晶界散射声子的能力，而这对降低材料的热导率不利[121]。对 6 号样品进行了能谱分析，其结果如图 4-5（g）所示。样品的主要化学成分是Mn、Zn、Fe、O、C，结合 XRD 结果，分析认为该物相为碳纳米管和锰锌铁氧体。

表 4-4　不同工艺条件制备的碳纳米管/锰锌铁氧体复合材料的一些室温物理性能

编号（No.）	d_r	$\sigma^{①}$/(S/m)	$S^{①}$/(μV/K)	μ/[cm²/(V·s)]	n/cm⁻³
1	53%	4	−134	2.10	-1.85×10^{18}
2	81%	5	−194	125.5	-2.11×10^{16}
3	96%	299	−106	506.9	-9.89×10^{16}
4	57%	1	−123	3.76	-7.88×10^{17}

编号（No.）	d_r	$\sigma^{\textcircled{1}}$/(S/m)	$S^{\textcircled{1}}$/(μV/K)	μ/[cm²/(V·s)]	n/cm⁻³
5	52%	5	−161	0.31	−2.77×10¹⁸
6	89%	108	−118	0.34	−2.56×10¹⁹

① 室温电导率和 Seebeck 系数是通过 50℃的实验数据推算所得。

如表 4-4 所示为不同工艺条件制备的碳纳米管/锰锌铁氧体复合材料的一些室温物理性能，可以看到室温电导率比文献[20]的值要高。这表明 SPS 是一种有效的烧结工艺，对提高电导率有利。材料的电导率可以表示为 $\sigma = ne\mu$，因此，增大的电导率可以归因于增加的载流子浓度或增加的载流子迁移率，或两者都有。如表 4-4 所示，2 号和 3 号样品的室温载流子迁移率较大，分别为 125.5 cm²/(V·s)和 506.9 cm²/(V·s)。而 6 号样品的室温载流子浓度最大，为 2.56×10¹⁹ cm⁻³，比其他样品高出 1～3 个数量级，但其载流子迁移率较低，仅为 0.34 cm²/(V·s)。与之相对应的 3 号和 6 号室温电导率较高，比其他样品高出两个数量级。图 4-6（a）为不同 SPS 工艺条件制备的碳纳米管/锰锌铁氧体复合材料的电导率与温度依赖关系。从图中可以看出，所用样品的电导率随温度的升高而增大，这表明碳纳米管/锰锌铁氧体复合材料表现出一种经典的半导体导电特性。与其他样品相比，2 号、3 号和 6 号样品的电导率较高，分别为 963 S/m、2987 S/m 和 2045 S/m，这主要是由于样品较大的晶粒尺寸与相对密度。然而相对于传统的热电材料（10⁵ S/m）[31]，碳纳米管/锰锌铁氧体复合材料的电导率仍然较低，因此进一步提高复合材料的电导率成为当务之急。电导率的提高可以通过调整碳纳米管的添加量、种类，添加电导率更高的石墨烯或调整 Mn^{2+}、Zn^{2+} 的掺杂量等方法。相对于较低的电导率，碳纳米管/锰锌铁氧体复合材料的 Seebeck 系数较高，且在测试温度范围内均为负值，与实验测得的载流子浓度相同，说明该复合材料为 n 型热电材料。6 组样品中，2 号样品的 Seebeck 数值最大。由电导率和 Seebeck 系数计算所得的碳纳米管/锰锌铁氧体复合材料的功率因子（PF）与温度的关系如图 4-6（c）所示，样品的 PF 曲线与电导率相似，随温度的升高而增大。PF 的最大值由 6 号样品得到，为 36.5 μW·m^{-1}·K^{-2}。

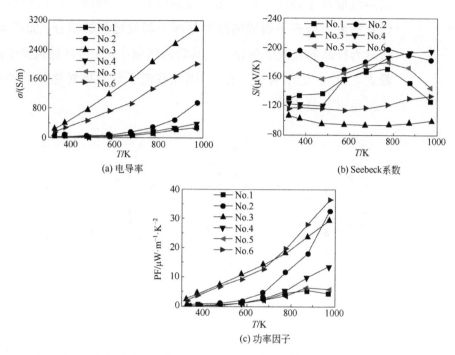

(a) 电导率

(b) Seebeck系数

(c) 功率因子

图 4-6　不同工艺条件制备的碳纳米管/锰锌铁氧体复合材料的电性能与温度依赖关系

图 4-7（a）为不同 SPS 工艺条件制备的碳纳米管/锰锌铁氧体复合材料的热导率与温度依赖关系。可以看出，所有样品的热导率随温度的升高而减小，这主要是由于晶格热振动引起的强声子散射。由于 SPS 烧结工艺制备的 6 组样品的晶粒尺寸较小，导致其热导率数值均偏小，且 1 号～3 号样品的热导率要高于 4 号～6 号。其中 4 号样品的热导率最小，为 0.337 W·m^{-1}·K^{-1}。材料的热导率（κ）包含载流子热导率（κ_C）和晶格热导率（κ_L）两部分，$\kappa = \kappa_L + \kappa_C$。晶格热导率采用 Wiedemann-Franz 定律计算得到，$\kappa_C = L\sigma T$（洛伦兹常量使用文献值，即 $L \approx 2.45 \times 10^{-8}$ W·Ω·K^{-2}），σ 为电导率（采用前面实测的数据），T 为绝对温度。由此得到碳纳米管/锰锌铁氧体复合材料的晶格热导率，即 $\kappa_L = \kappa - \kappa_C$，如图 4-7（b）所示。样品的晶格热导率

随温度的变化趋势与热导率相似，无明显变化。载流子的电导率和热导率对温度的依赖关系不同，热流输运过程中，一个载流子携带的热量取决于载流子的比热，与温度有关。载流子对热传导的贡献以及载流子对声子造成的散射是两个相反过程的综合。如图 4-7（c）所示为样品的载流子热导率，其数值均偏小，3 号样品载流子热导率最大，仅为 $0.07~\text{W·m}^{-1}\text{·K}^{-1}$，因此载流子热导率对热导率的贡献较小，可以忽略不计。

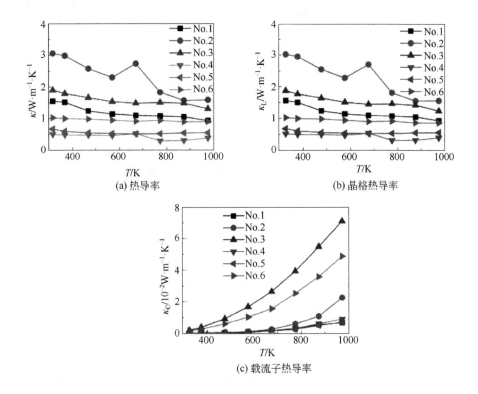

图 4-7　不同工艺条件制备的碳纳米管/锰锌铁氧体复合材料的热性能与温度依赖关系

由实验测试得到的电导率 σ、Seebeck 系数 S 和热导率 κ，采用公式 $\text{ZT} = S^2\sigma T/\kappa$ 计算碳纳米管/锰锌铁氧体复合材料的无量纲热电性能指数 ZT，如图 4-8 所示。6 号样品的 ZT 值在 973 K 达到最大值，为 0.038，比 4 号样品的 ZT 值大两倍多。

锰锌铁氧体
复合材料制备及应用

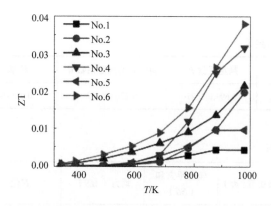

图 4-8 不同工艺条件制备的碳纳米管/锰锌铁氧体复合材料的 ZT 值随温度变化关系

为进一步确定烧结工艺条件，对得到的结果进行回归分析。实验方案和结果如表 4-5 所示。如果采用直观分析法，6 号实验所得产物的 ZT 值最高，可以将 6 号实验对应的条件作为较好的工艺条件。对上述实验结果进行回归分析，得到回归方程为：

$$y = 0.224952381 - 0.00022857X_1 + 0.000428571X_2 - 0.0063X_3 \quad (4\text{-}1)$$

回归分析结果和方差分析结果分别如表 4-6 和表 4-7 所示，该回归方程的 $R^2 = 0.691362621$，$F(=1.493366) > Significance(0.425144)$，可见所求的回归方程显著，该方程是可信的。由回归方程［式（4-1）］可以看出，X_1 和 X_3 的系数为负，表明实验指数随之增加而减小，X_2 的系数为正，表明实验指数随之增加而增大。因此确定最优方案时，前者的取值应偏下限，后者取上限，即烧结温度为 550 ℃，压力为 60 MPa，保温时间为 5 min，带入回归方程，$y = 0.093$，这结果好于 6 号实验结果，但需要验证实验。

表 4-5 实验方案和结果

编号（No.）	$T/℃$	P/MPa	t/min	ZT
1	600	30	15	0.005
2	700	60	10	0.020
3	800	20	5	0.028
4	550	50	15	0.035
5	650	10	10	0.010
6	750	40	5	0.038

表4-6 回归分析结果

复相关系数 R	判定系数 R^2	调整后的判定系数 R^2	标准误差	观测值
0.831482183	0.691362621	0.228406552	0.011754432	6

表4-7 方差分析

	自由度（ df ）	偏差平方和（ SS ）	均方（ MS ）	F 值	显著性概率（ $Significance\ F$ ）
回归分析	3	0.000619	0.000206	1.493366	0.425144
残差	2	0.000276	0.000138		
总计	5	0.000895			

为了判断各因素的主次顺序，对各因素进行 t 检验，结果发现如表 4-8 所示，比较各个因素的 P 值就可以看出各个因素对因素变量作用的重要性。可见因素主次顺序为 $X_3 > X_2 > X_1$，即保温时间＞压力＞烧结温度。

表4-8 各因素的 t 检验结果

因素	系数	标准误差	t Stat	P 值
截距	0.224952381	0.168713	1.33334	0.314004
X_1	−0.00022857	0.000193	−1.18476	0.357818
X_2	0.000428571	0.000291	1.47353	0.278521
X_3	−0.0063	0.004072	−1.54721	0.261882

为了得到更好的结果，可对上述工艺条件进一步观察，X_1 和 X_3 可以取更小点，X_2 取更大一点，即 T=550 ℃，P=60 MPa，t=5 min，也许会得到更优的实验方案。但经过实验表明，由于该样品的电导率过低导致电导率及 Seebeck 系数无法测试，因此实验最优方案采用 6 号，即烧结温度为 750 ℃，压力为 40 MPa，保温时间为 5 min。

4.2
锌掺杂量对复合材料热电性能的影响

本实验采用的碳纳米管为多壁碳纳米管，碳纳米管/锰锌铁氧体复合粉体制备方法见第 3 章，其中碳纳米管质量含量为 2%，x 值分别取 0.0、0.1、0.3、0.5、0.7、0.9 和 1.0。所得复合粉体不经后续热处理并采用上述实验的 SPS 烧结工艺进行烧结，即烧结温度为 750 ℃，压力为 40 MPa，保温时间为 5 min，升温速度为 100 ℃/min。

图 4-9 为不同锌掺杂量的碳纳米管/锰锌铁氧体（碳纳米管质量含量为 2%）复合材料块体的 XRD 图谱，x 值分别为 0.0、0.1、0.3、0.5、0.7、0.9、1.0。从图中可以看出样品在 $2\theta \approx 26.38°$ 处的衍射峰对应碳纳米管的（002）晶面。当 x=0.0、0.1、0.3 时，产物在 $2\theta \approx 29.74°$、35.04°、40.98°、56.34°、59.4°、61.88° 处均出现明显的衍射峰，分别对应立方尖晶石铁氧体的（220）、（311）、（400）、（422）、（511）和（440）晶面的衍射峰。随着锌掺杂量的增加，（311）、（400）和（440）晶面的衍射峰值减小，（220）、（422）和（511）晶面对应的衍射峰不明显，并且开始出现一些杂质峰。同时不同的锌掺杂量对碳纳米管的衍射峰也有一定影响，这主要是由于过量的 Zn^{2+} 可能会导致碳纳米管/锰锌铁氧体复合材料粉体在烧结过程中产生锌损失现象 ［见式（4-2）］，导致复合材料结晶度不好。锌损失会产生 ZnO，其沸点为 970 ℃，在 750 ℃烧结温度下本身不挥发，然而在 XRD 图谱中并没有发现明显的 ZnO衍射峰，这是由于粉体颗粒中瞬态高能脉冲电流产生的等离子放电会在 SPS 烧结过程中产生局部高温，从而使 ZnO 发生脱氧反应分解出 Zn ［见式（4-3）］而挥发耗散掉。

$$ZnFe_2O_4 = (1-x)ZnFe_2O_4 + \frac{2}{3}xFe_3O_4 + xZnO + \frac{1}{6}xO_2 \uparrow \quad (4\text{-}2)$$

$$ZnO = Zn \uparrow + \frac{1}{2}O_2 \uparrow \quad\quad (4\text{-}3)$$

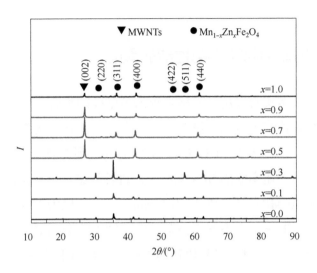

图4-9 不同锌掺杂量的碳纳米管/锰锌铁氧体复合材料的 XRD 图谱

图 4-10 为不同锌掺杂量的碳纳米管/锰锌铁氧体复合材料块体样品断面的 SEM 图片，图（a）～（g）分别对应 x=0.0～1.0 的样品。在断面图片中可以清晰地看到 MWNTs，且均匀分布于锰锌铁氧体晶粒间，无明显团聚现象。结果显示，锌掺杂量对碳纳米管/锰锌铁氧体复合材料的晶粒尺寸有较大影响。当 x=0.0～0.3 时样品的晶粒和晶界清晰可见，晶粒细小且均匀，晶粒尺寸随着锌掺杂量的增加而降低，这一趋势与碳纳米管/锰锌铁氧体复合材料粉体相吻合。当 x=0.3 时，晶粒的平均粒径最小，约 200～500 nm。当 x=0.5 时，样品中局部晶粒长大比较明显且尺寸分布不均匀。随着复合材料中锌掺杂量的进一步增加，样品的晶粒迅速长大，达到微米级。当 $x \geqslant 0.9$ 时复合材料的晶粒尺寸明显增大且分布均匀，平均粒径约 2～3 μm，此时晶粒中出现一定程度的粘连、晶界不明显的现象。该现象可能是由于 Zn 含量较大的样品在 SPS 烧结过程中出现的锌挥发的现象。由于挥发现象中有氧气产生，导致在 750 ℃烧结过程中与碳纳米管发生一定量的反应，加速了晶粒的长大。样品的相对密度如表 4-9 所示，样品的相对密度都较高，与晶粒尺寸的大小成正比。

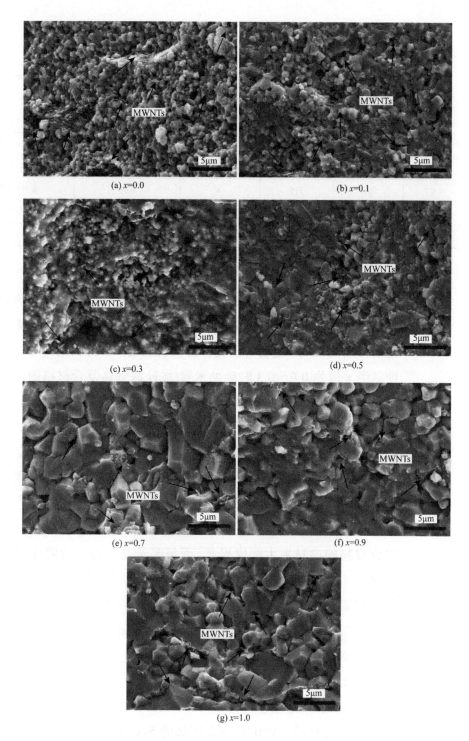

(a) *x*=0.0

(b) *x*=0.1

(c) *x*=0.3

(d) *x*=0.5

(e) *x*=0.7

(f) *x*=0.9

(g) *x*=1.0

图4-10 不同锌掺杂量的碳纳米管/锰锌铁氧体复合材料的 SEM 图谱

表 4-9　不同锌掺杂量的复合材料的一些室温物理性能

x 值	d_r	$\sigma^{①}$/(S/m)	$S^{①}$/(μV/K)	μ/[cm^2/(V·s)]	n/cm^{-3}
0.0	98%	434	−115	4.2	−3.58×10^{18}
0.1	96%	283	−99	6.77	−1.96×10^{18}
0.3	89%	108	−118	0.34	−2.56×10^{19}
0.5	96%	118	−34	1.71	−2.43×10^{18}
0.7	96%	219	−6	0.69	−8.36×10^{18}
0.9	99%	449	−13	0.65	−2.19×10^{19}
1.0	97%	444	−29	2.72	−3.25×10^{18}

① 室温电导率和 Seebeck 系数是通过 50℃的实验数据推算所得。

图 4-11（a）为不同锌掺杂量的碳纳米管/锰锌铁氧体复合材料的电导率与温度依赖关系。可以看出，x=0.0～1.0 样品的电导率均随温度的升高而增大，这表明该复合材料表现出一种经典的半导体导电特性。当 x 值为 0.0～0.3 时碳纳米管/锰锌铁氧体复合材料的电导率相近，且电导率随着锌掺杂量的增加逐渐降低，这可能是由于样品粒径的逐渐减小。当 x 值大于 0.5 时，复合材料的电导率随着 Zn^{2+}含量的增加而急剧增大。一方面是由于样品的晶粒尺寸较大，晶界对载流子的散射作用不明显，导致其电导率较高。另一方面锌挥发导致 Fe^{2+}和氧空位出现。由于铁氧体复合材料中存在 Fe^{2+}和 Fe^{3+}两种不同价的离子，必然导致电子发生跳跃（Fe$^{2+}\Longleftrightarrow$Fe^{3+}+e$^-$），从而使复合材料的电导率大幅度提高。而氧离子是一种二价阴离子[121,122]，因此每一个氧空位的出现将产生两个电子，从而增加了参与导电的电子载流子的数量，提高了复合材料的电导率。不同锌掺杂量的碳纳米管/锰锌铁氧体复合材料的一些室温物理性能如表 4-9 所示，可以看到室温电导率都较高，当 x 为 0.3 和 0.9 时，样品中载流子（电子）浓度显著增加，与此同时其载流子迁移率最小。样品的载流子浓度与 Seebeck 系数为负值，说明该复合材料载流子为电子，表现为 n 型热电材料。x=0.0～0.3 样品的 Seebeck 系数随测试温度变化

的曲线有拐点，而 x=0.5～1.0 样品的曲线随着测试温度的升高而增大，从图 4-11（b）中可以看出前者的数值要远大于后者。尖晶石型铁氧体的 Seebeck 系数与其磁有序有关，可以由 Fe^{2+} 和 Fe^{3+} 来表示，考虑到小的偏振传导机制，$S = -(K_B/e)\ln\{\beta[Fe^{3+}]_B/[Fe^{2+}]_B\}$，其中，$[Fe^{3+}]_B$ 和 $[Fe^{2+}]_B$ 分别是八面体位置上的 Fe^{3+} 和 Fe^{2+} 离子，β=1。因此随着锌掺杂量的增加，样品 B 位中 Fe^{2+} 数量增加，导致其 Seebeck 系数降低。锌掺杂量为 x=0.3 的复合材料在 973 K 时 Seebeck 系数最大，为−134 μV/K。

由电导率和 Seebeck 系数计算所得的碳纳米管/锰锌铁氧体复合材料的功率因子（PF）与温度的关系如图 4-11（c）所示，样品的 PF 曲线与电导率相似，随温度的升高而增大。由于其较高的 Seebeck 系数，锌掺杂量为 x=0.3 的复合材料的 PF 值最大，为 36.5 μW·m^{-1}·K^{-2}。

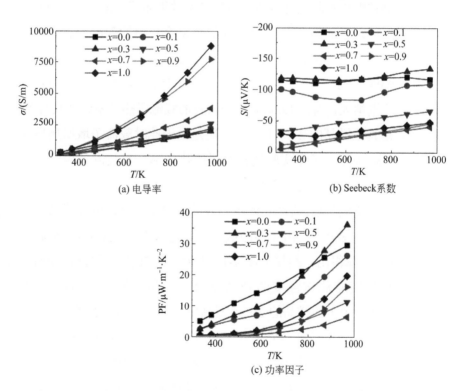

(a) 电导率　　　　　　　　(b) Seebeck系数

(c) 功率因子

图 4-11　不同锌掺杂量的 MWNTs/Mn$_{1-x}$Zn$_x$Fe$_2$O$_4$复合材料的电性能与温度依赖关系

图 4-12（a）为不同锌掺杂量的碳纳米管/锰锌铁氧体复合材料的热导率与温度依赖关系。由于 $x=0.3$ 时复合材料的 d_t 最小，晶粒尺寸也是最小，可能导致其块体材料结构中存在较多空洞或其他体缺陷，从而增加了晶界对声子的散射，其结果表现为热导率下降明显，其值仅为 0.926 W·m^{-1}·K^{-1}，与其他样品相比降低了 39% 以上。由 Wiedemann-Franz 定律：$\kappa_C = L\sigma T$（$L \approx 2.45 \times 10^{-8}$ W·Ω·K^{-2}，σ 为前面实测的电导率，T 为绝对温度）估算了载流子热导率（κ_C）。碳纳米管/锰锌铁氧体复合材料的晶格热导率（κ_L）通过公式 $\kappa = \kappa_L + \kappa_C$ 计算得到，结果如图 4-12（b）所示。在碳纳米管含量相同的情况下，随着锌的含量的增加对样品的晶格热导率先减小后增大，在 $x=0.3 \sim 0.7$ 之间的样品的晶格热导率较小。当 $x=0.3$ 时，复合材料的晶格热导率要远低于其他样品，这主要是由于晶界的密度的增加导致了晶界对声子的散射作用加强，可见材料晶粒细化对降低材料的晶格热导率效果显著。图 4-12（c）所示为不同锌掺杂量的碳纳米管/锰锌铁氧体复合材料的载流子热导率，其值随 x 值的增大先减小，当 $x=0.3$ 时复合材料的载流子热导率最小，为 0.048 W·m^{-1}·K^{-1}。随着 x 值的进一步增大，复合材料的载流子热导率逐渐增大，当 $x=1.0$ 时，复合材料的载流子热导率达到 0.21 W·m^{-1}·K^{-1}，是其他样品的 2～4 倍，这可能是由于此时载流子增加热导率占主要地位。但相对于本实验复合材料的热导率，其载流子热导率数值仍然低一个数量级，可以忽略不计。

碳纳米管/锰锌铁氧体复合材料的无量纲热电性能指数 ZT 由公式 $ZT = S^2 \sigma T / \kappa$（由实验测试得到的电导率 σ、Seebeck 系数 S 和热导率 κ）计算得出，结果如图 4-13 所示。从图中可以看出，所有样品的 ZT 值均随着测试温度的升高而增大。与其他样品相比，锌掺杂量为 $x=0.0 \sim 0.3$ 的样品的 ZT 值要高出 1 个数量级。虽然 $x=0.0$ 和 $x=0.1$ 样品的热导率较高，分别为 1.84 W·m^{-1}·K^{-1} 和 3.314 W·m^{-1}·K^{-1}（样品中的最大值），但这两个样品的功率因子 PF 同样较高。结果表明当 $x=0.3$ 时，样品在得到最大 PF 的同时得到最小热导率，因此 ZT 值达到最大值，为 0.038（973 K），是 $x=0.1$ 复合材料的 3 倍。

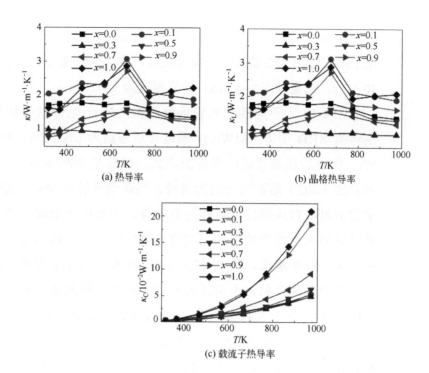

(a) 热导率 (b) 晶格热导率

(c) 载流子热导率

图 4-12　不同锌掺杂量的碳纳米管/锰锌铁氧体复合材料的热性能与温度依赖关系

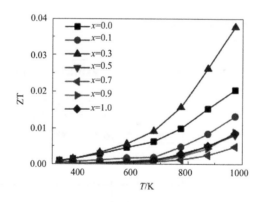

图 4-13　不同锌掺杂量的碳纳米管/锰锌铁氧体复合材料的 ZT 值随温度变化关系

4.3
碳纳米管含量对复合材料热电性能的影响

本实验采用的碳纳米管为多壁碳纳米管，碳纳米管/锰锌铁氧体复合粉体制备方法如第 3 章所述，其中 x 值取 0.3，碳纳米管的质量含量分别为 0%、2%、4%、6%、8%。所得复合粉体不经后续热处理并采用上述实验的 SPS 烧结工艺进行烧结，即烧结温度为 750 ℃，压力为 40 MPa，保温时间为 5 min，升温速度为 100 ℃/min。

图 4-14 为不同碳纳米管含量的碳纳米管/锰锌铁氧体复合材料块体的 XRD 图谱，MWNTs 质量含量分别为 0%、2%、4%、6%、8%。可以看出随着碳纳米管的添加，样品在 $2\theta{\approx}26.38°$ 处出现碳纳米管的（002）晶面对应的衍射峰。当碳纳米管为 0%～2% 时，样品中的衍射峰对应锰锌铁氧体的衍射峰，无杂质峰出现，结晶良好。随着碳纳米管含量的增加，锰锌铁氧体衍射峰的峰值减小，并且开始出现一些杂质峰，杂质包括 Fe_2O_3 和 Zn。这主要是由于适量的碳纳米管会在复合材料中引进官能团，使锰锌铁氧体附着于碳纳米管管壁表面，利于晶粒的成长。而随着碳纳米管的质量含量增加到 4%～8%，过量的碳纳米管可能会导致碳纳米管/锰锌铁氧体复合材料粉体在烧结过程中产生锌损失现象，导致复合材料结晶度不好。同时锌损失会产生 Fe_3O_4 和 Zn［见式（4-2）、式（4-3）］，Fe_3O_4 在高温下转化为 Fe_2O_3。

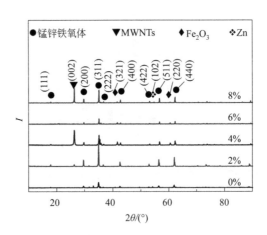

图 4-14　碳纳米管质量含量为 2%～8% 的碳纳米管/锰锌铁氧体复合材料的 XRD 图谱

图 4-15 为不同碳纳米管含量的碳纳米管/锰锌铁氧体复合材料块体样品断面的 SEM 图片，图（a）～（e）分别对应碳纳米管质量含量

图 4-15　不同碳纳米管质量含量的碳纳米管/锰锌铁氧体复合材料的 SEM 图谱

为 0%、2%、4%、6%、8%的样品。可以看到纯的锰锌铁氧体的颗粒
细小且均匀，粒径在 100 nm 左右。随着碳纳米管的添加，开始出现碳
纳米管，如箭头所示分布于锰锌铁氧体晶粒间。可以看到，碳纳米管/
锰锌铁氧体复合材料的晶粒尺寸与碳纳米管的含量有很大的关系，粒
径随着碳纳米管的含量的增加而急剧增大。当碳纳米管的质量含量为

2%时，复合材料的粒径是锰锌铁氧体粒径的 2～5 倍。当碳纳米管的质量含量增加到 6%～8% 时，复合材料的粒径长大到 3～4 μm，且此时晶粒中出现一定程度的粘连、晶界不明显的现象。该现象可能是由于碳纳米管含量较大的样品在 SPS 烧结过程中出现锌挥发现象，从而加速了晶粒的长大。同时，过量的碳纳米管会在碳纳米管/锰锌铁氧体复合材料的晶粒间出现严重的团聚现象。

由于 SPS 烧结技术制备的纯锰锌铁氧体块体样品的晶粒纳米化，使其电导率过低，导致仪器无法测量，因此本实验不讨论其热电性能，但从侧面反映出碳纳米管的添加对碳纳米管/锰锌铁氧体复合材料的电导率有利，从而有可能提高其热电性能。

图 4-16（a）为不同碳纳米管含量的碳纳米管/锰锌铁氧体复合材料的电导率与温度依赖关系。可以看出，所有样品的电导率均随测试

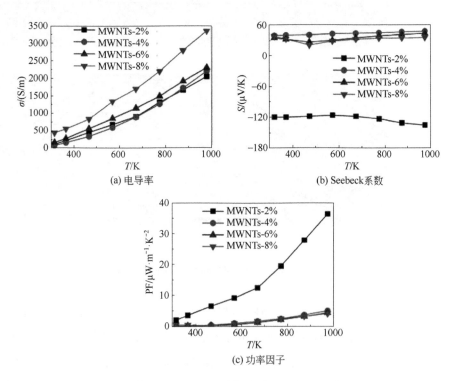

(a) 电导率   (b) Seebeck系数

(c) 功率因子

图 4-16　碳纳米管质量含量为 2%～8% 的碳纳米管/
锰锌铁氧体复合材料的电性能与温度依赖关系

　锰锌铁氧体
　　复合材料制备及应用

温度的升高而增大，这表明该复合材料表现出一种经典的半导体导电特性。随着碳纳米管含量的增加，复合材料的电导率逐渐增大，电导率从 2045 S/m 增加到 3306 S/m，提高了 62%。

图 4-17 为多壁碳纳米管的电学性能，由图中可以看出，碳纳米管的本身的电导率很高，可以达到 8407 S/m，因此碳纳米管的添加会提高复合材料的电导率。而且碳纳米管分布在锰锌铁氧体颗粒间，会形成良好的导电通道（见图 4-2），复合材料中隧道导电效应显现，导致复合材料的体积电阻率和表面电阻率都显著下降，即电导率提高。除此以外，随着碳纳米管含量的增加，样品的晶粒尺寸的增大，烧结时出现锌挥发现象等都会提高复合材料的电导率。碳纳米管/锰锌铁氧体复合材料电导率提高的本质原因是碳纳米管的添加对复合材料载流子浓度和迁移率的改善。表 4-10 所示为不同碳纳米管含量的碳纳米管/锰锌铁氧体复合材料的一些室温物理性能。室温下复合材料的电导率随碳纳米管含量的增加先减小后增大，与之对应的载流子浓度也是先减小后增大。虽然当碳纳米管为 8% 时，复合材料的载流子浓度有所下降，但其载流子迁移率达到最大值。碳纳米管的添加对复合材料迁移率的影响更为明显，从表 4-10 可以看出，随着碳纳米管含量的增加，样品的载流子迁移率逐步增大，导致其电导率也逐渐增大。当碳纳米管质量含量为 2% 时，碳纳米管/锰锌铁氧体复合材料在具有高载流子

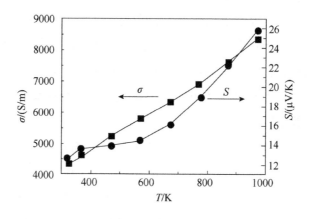

图 4-17　碳纳米管的电学性能与温度依赖关系

浓度和电导率的同时，表现出较大的 Seebeck 系数。当碳纳米管质量含量大于 2%时，复合材料的载流子从负数转变为正数，表明碳纳米管/锰锌铁氧体复合材料占主导地位的载流子由电子载流子转变为空穴载流子，即转变为 p 型热电材料。

表 4-10　碳纳米管质量含量为 2%~8%的复合材料的一些室温物理性能

MWNTs	d_r	$\sigma^{①}$/(S/m)	$S^{①}$/(μV/K)	μ/[cm²/(V·s)]	n/cm⁻³
2%	89%	108	−118	0.34	$-2.56×10^{19}$
4%	94%	90	40	0.78	$7.05×10^{18}$
6%	93%	153	37	1.80	$1.36×10^{20}$
8%	98%	422	44	730.33	$1.42×10^{18}$

① 室温电导率和 Seebeck 系数是通过 50℃的实验数据推算所得。

　　图 4-16（b）为不同碳纳米管含量的碳纳米管/锰锌铁氧体复合材料的 Seebeck 系数与温度依赖关系图，可以看出，碳纳米管/锰锌铁氧体复合材料的 Seebeck 系数在碳纳米管质量含量为 2%时为负值，碳纳米管质量含量为 4%~8%时为正值，与霍尔测试结果相同。由图 4-17 可以知道碳纳米管的 Seebeck 系数为 13~26 μV/K，即碳纳米管为 p 型热电材料。虽然本实验纯的锰锌铁氧体无法检测其热电性能，但根据文献数据[19]，其 Seebeck 系数为负值，即为 n 型热电材料。n 型锰锌铁氧体与 p 型碳纳米管的结合会在锰锌铁氧体粒子上引进 p 型的掺杂效应，导致电子载流子浓度降低。然而从图 4-16（b）中可以看到，随着碳纳米管含量的增加，复合材料 Seebeck 系数的数值逐步减小，且 n 型复合材料的 Seebeck 系数要远高于 p 型，这可能是由于碳纳米管的添加使得复合物的电子结构发生变化，禁带宽度变窄，使得 Seebeck 系数下降。

　　碳纳米管/锰锌铁氧体复合材料的功率因子（PF）由电导率和 Seebeck 系数计算所得，PF 与温度的关系如图 4-16（c）所示。样品的 PF 曲线与电导率相似，随温度的升高而增大。由于碳纳米管质量含量为 2%时表现出较高的 Seebeck 系数，该样品的 PF 值达到最大。碳纳米管质量含量为4%~8%时，三组样品的 PF 值相近，分别为 5 μW·m⁻¹·K⁻²、4.5 μW·m⁻¹·K⁻² 和 4.3 μW·m⁻¹·K⁻²，与 2%的样品相比小一个数量级。

图 4-18（a）为不同碳纳米管含量的碳纳米管/锰锌铁氧体复合材料的热导率与温度依赖关系。从图中可以看出，碳纳米管/锰锌铁氧体复合材料的热导率与文献[120]中的铁氧体相比数值较小，最小值为 0.459 W·m⁻¹·K⁻¹（6%，323 K），最大值为 3.035 W·m⁻¹·K⁻¹（4%，673 K）。当碳纳米管质量含量为 2%时，复合材料的热导率较小，随着碳纳米管含量的进一步增加，复合材料的热导率增长明显。半导体的热传导依靠载流子运动和声子的运动，晶格热导率可以表示为

$$\kappa_{\mathrm{L}} = \frac{1}{3} C_{\mathrm{V}} v_{\mathrm{s}} l$$

式中　　C_{V}——定容比热；

　　　　v_{s}——声子的运动速度；

　　　　l——声子的平均自由程。

因此，κ_{L} 正比于 C_{V}、v_{s} 和 l 三个物理量，前两者是材料的本质，无法改变，而平均自由程可随材料中杂质或晶界的多少而发生改变。由于碳纳米管作为第二相分散于锰锌铁氧体颗粒中会产生大量的相界、晶界、位错等缺陷，这些缺陷作为新的晶格散射中心，可大幅度降低声子的平均自由程，提高复合材料对声子运动的散射能力，从而降低材料的晶格热导率。同时由图 4-18 和表 4-10 的结果可以看到碳纳米管为 2%时样品的 d_{r} 最小，晶粒尺寸也是最小，可能导致其块体材料结构中存在较多空洞或其他体缺陷，从而增加了晶界对声子的散射，其结果同样表现为热导率明显下降。一般来说，晶格热导率 κ_{L}（声子传导）起主要作用，碳纳米管/锰锌铁氧体复合材料的晶格热导率由 Wiedemann-Franz 定律：$\kappa_{\mathrm{C}} = L\sigma T$（$L \approx 2.45 \times 10^{-8}$ W·Ω·K⁻²，σ 为前面实测的电导率，T 为绝对温度）估算了载流子热导率（κ_{C}）。碳纳米管/锰锌铁氧体复合材料的晶格热导率（κ_{L}）通过公式 $\kappa = \kappa_{\mathrm{L}} + \kappa_{\mathrm{C}}$ 计算得到，结果如图 4-18（b）所示。从图中可看出，碳纳米管含量及测试温度对 κ_{L} 的影响规律与其对 κ 的影响规律基本一致。κ_{L} 的最小值同样出现在碳纳米管质量含量

为 2%的复合材料中，这可能是由于当碳纳米管的质量含量在 2%时，碳纳米管均匀分布于锰锌铁氧体中，同时这一含量的碳纳米管对声子的散射作用最强。当碳纳米管质量含量超过 2%时，碳纳米管团聚现象严重，在锰锌铁氧体中的分布极不均匀，从而使复合材料对声子的散射能力减弱，导致其晶格热导率的增加。图 4-18（c）为不同碳纳米管含量的碳纳米管/锰锌铁氧体复合材料的载流子热导率与温度依赖关系，从图中可以看出，载流子热导率随着碳纳米管含量的增加而增大，最大值为 0.079 W·m^{-1}·K^{-1}，该实验复合材料的载流子增加热导率占主要，但其数值比较低，因此载流子热导率 κ_C 在总的热导率中所占比例不是很大，可忽略不计。

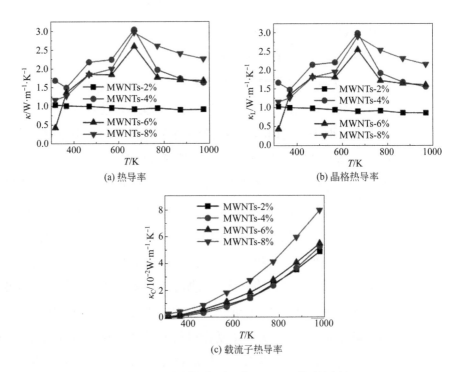

(a) 热导率

(b) 晶格热导率

(c) 载流子热导率

图 4-18　碳纳米管质量含量为 2%～8%的碳纳米管/
锰锌铁氧体复合材料的热性能与温度依赖关系

碳纳米管/锰锌铁氧体复合材料的无量纲热电性能指数 ZT 由公式
$ZT = S^2\sigma T/\kappa$（由实验测试得到的电导率 σ、Seebeck 系数 S 和热导率 κ）

计算得出，结果如图 4-19 所示。从图中可以看出，所有样品的 ZT 值均随着测试温度的升高而增大。与其他样品相比，碳纳米管质量含量为 2%样品的 ZT 值要高出 1 个数量级。从上述实验结果表明，碳纳米管的含量并非越大越好，而是在一定的含量（2%）对提高复合材料热电性能的作用最大。由于 n 型碳纳米管/锰锌铁氧体复合材料无论是电性能还是热性能都远远高于 p 型复合材料，因此后续实验对 n 型碳纳米管/锰锌铁氧体复合材料的热电性能做了进一步的研究。由于碳纳米管含量较低时复合材料的电导率过低，导致仪器无法测量，因此将碳纳米管的质量含量降低到 1%、2% 和 3%，所得复合粉体不经后续热处理并采用上述实验的 SPS 烧结工艺进行烧结，即烧结温度为 750 ℃，压力为 40 MPa，保温时间为 5 min，升温速度为 100 ℃/min。

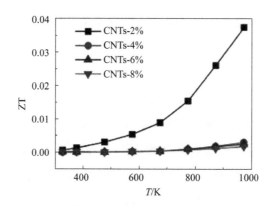

图 4-19　碳纳米管质量含量为 2%～8%的碳纳米管/
锰锌铁氧体复合材料的 ZT 值随温度变化关系

图 4-20 为 x=0.3，碳纳米管质量含量分别为 1%、2%、3%的碳纳米管/锰锌铁氧体复合材料块体的 XRD 图谱。从图中可以看出，随着碳纳米管的添加，样品在 $2\theta \approx 26.38°$ 处出现 MWNTs 的（002）晶面对应的衍射峰，并随着碳纳米管含量的增加其峰值增大。所有样品中的剩余衍射峰分别对应锰锌铁氧体的（111）、（220）、（311）、（222）、（400）、（422）、（511）、（440）、（533）、（731）晶面对应的衍射峰，无杂质峰出现，结晶良好。

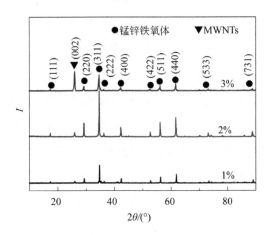

图 4-20 碳纳米管质量含量为 1%～3% 的碳纳米管/
锰锌铁氧体复合材料的 XRD 图谱

图 4-21 为不同碳纳米管含量的碳纳米管/锰锌铁氧体复合材料块体样品断面的 SEM 图片和 EDS 图谱，$x=0.3$，图 4-21（a）～（c）分别对应碳纳米管质量含量为 1%、2%、3% 样品的 SEM 图片，碳纳米管如箭头所示分布于锰锌铁氧体晶粒间。从 SEM 图片中可以看到当碳纳米管的质量含量为 1% 和 2% 时，碳纳米管在锰锌铁氧体中的分布较为均匀，但是过量碳纳米管（3%）的添加会在碳纳米管/锰锌铁氧体复合材料的晶粒间出现严重的团聚现象，这对复合材料的热电性能可能有所影响。碳纳米管/锰锌铁氧体复合材料的晶粒尺寸同样随着碳纳米管的含量的增加而增大。图 4-21（d）、（e）、（f）分别对应碳纳米管质量含量为 1%、2%、3% 样品的 EDS 图谱，样品的主要化学成分是 Mn、Zn、Fe、O、C，且随着碳纳米管含量的增加，C 元素比例提高，结合 XRD 结果，分析认为该物相为碳纳米管和锰锌铁氧体。复合材料的相对密度如表 4-11 所示，d_r 随着碳纳米管的含量的增加而增大。这些实验结果表明，在锰锌铁氧体中添加碳纳米管是一种可以有效地提高相对密度、降低烧结温度的方法。从前面实验的结果可知碳纳米管/锰锌铁氧体复合材料的热电性能较差主要是由于其电导率过低，而材料密度的增加对其提高电导率有利。

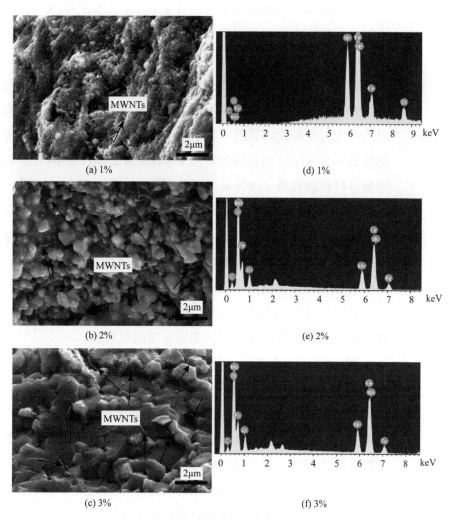

图4-21　不同碳纳米管质量含量的碳纳米管/锰锌铁氧体复合材料的
SEM 图：（a）～（c）。对应 EDS 图谱：（d）～（f）

表4-11　碳纳米管质量含量为1%～3%的复合材料的一些室温物理性能

MWNTs	d_r	$\sigma^{①}$/(S/m)	$S^{①}$/(μV/K)	μ/[cm²/(V·s)]	n/cm⁻³
1%	88%	62	−181	6.50	−7.79×10¹⁷
2%	89%	108	−118	0.34	−2.56×10¹⁹
3%	99.9%	39	15	3.70	3.10×10¹⁸

① 室温电导率和 Seebeck 系数是通过 50℃的实验数据推算所得。

图 4-22（a）为碳纳米管质量含量为 1%～3%的碳纳米管/锰锌铁氧体复合材料的电导率与温度依赖关系，从图中可以看出，所有样品均表现出一种经典的半导体导电特性。随着碳纳米管质量含量从 1%增加到 3%，复合材料的电导率从 732 S/m 增加到 2386 S/m。这与晶粒尺寸的增大，碳纳米管的高电导率，以及碳纳米管在锰锌铁氧体颗粒间形成的导电通道有关。碳纳米管/锰锌铁氧体复合材料的一些室温物理性能如表 4-11 所示。当碳纳米管由 1%增加到 2%时，碳纳米管/锰锌铁氧体复合材料的载流子浓度从 7.79×10^{17} cm^{-3} 增加到 2.56×10^{19} cm^{-3}，从而使复合材料的电导率从 62 S/m 增加到 108 S/m，其载流子迁移率相对应地从 6.50 cm^2/(V·s)降低到 0.34 cm^2/(V·s)。虽然随着碳纳米管的质量含量增加到 3%，复合材料的载流子浓度降低，但其迁移率增加明显。当碳纳米管质量含量大于 2%时，碳纳米管/锰锌铁氧体复合材料的载流子从负数转变为正数，表明复合材料占主导地位的载流子由电子载流子转变为空穴载流子，即转变为 p 型热电材料。

图 4-22（b）为碳纳米管质量含量分别为 1%、2%和 3%的碳纳米管/锰锌铁氧体复合材料的 Seebeck 系数与温度依赖关系图，可以看出，复合材料的 Seebeck 系数在碳纳米管质量含量为 1%和 2%时为负值，碳纳米管质量含量为 3%时为正值，与霍尔测试结果相同。随着碳纳米管含量的增加，碳纳米管/锰锌铁氧体复合材料 Seebeck 系数的数值逐步减小，且 n 型复合材料的 Seebeck 系数要远高于 p 型。复合材料的 Seebeck 系数的最大值由碳纳米管质量含量为 1%的样品测试得到，为 -173 μV/K。Seebeck 系数和电导率是一种权衡关系，从图 4-22（a）和（b）可知，碳纳米管对复合材料 Seebeck 系数和电导率的影响符合这一关系，高的 Seebeck 系数取决于其低的电导率。

碳纳米管质量含量为 1%～3%的碳纳米管/锰锌铁氧体复合材料的功率因子（PF）与温度的关系如图 4-22（c）所示，随着碳纳米管含量的增加而减小，这与碳纳米管对复合材料 Seebeck 系数的影响相同。与碳纳米管质量含量为 3%复合材料的 PF 值相比，碳纳米管质量含量为 1%和 2%复合材料的 PF 值要高出 4 个数量级。由于其较高的 Seebeck

系数，碳纳米管质量含量为 1% PF 的最大值达到 40.6 $\mu W \cdot m^{-1} \cdot K^{-2}$，与碳纳米管质量含量为 2%的复合材料相比提高了 11%。

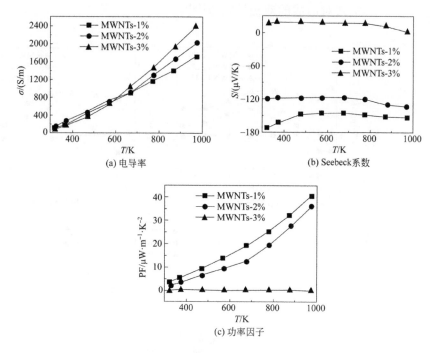

(a) 电导率

(b) Seebeck 系数

(c) 功率因子

图 4-22　碳纳米管质量含量为 1%～3%的碳纳米管/
锰锌铁氧体复合材料的电性能与温度依赖关系

图 4-23（a）为碳纳米管质量含量为 1%～3%的碳纳米管/锰锌铁氧体复合材料的热导率与温度依赖关系。低温时，碳纳米管/锰锌铁氧体复合材料的晶格热导率随着碳纳米管含量的增加而增加，而高温时，碳纳米管质量含量为 2%的样品则表现出较低的热导率。碳纳米管/锰锌铁氧体复合材料的最小热导率值为 0.47 $W \cdot m^{-1} \cdot K^{-1}$，由碳纳米管质量含量为 1%的样品得到，而最大值为 2.29 $W \cdot m^{-1} \cdot K^{-1}$，由碳纳米管质量含量为 3%的样品得到。

碳纳米管/锰锌铁氧体复合材料的晶格热导率如图 4-23（b）所示。从图中可看出，碳纳米管含量及测试温度对 κ_L 的影响规律与其对 κ 的影响规律基本一致。低温时，碳纳米管/锰锌铁氧体复合材料的晶格热导率随着碳纳米管含量的增加而增加，这与碳纳米管对复合材料的样品尺寸的影响有关。随着测试温度的升高，碳纳米管质量含量为1%样品的晶格热导率急剧上升，这可能归因于在添加低含量碳纳米管时电子-空穴对形成的双极性贡献[123]。

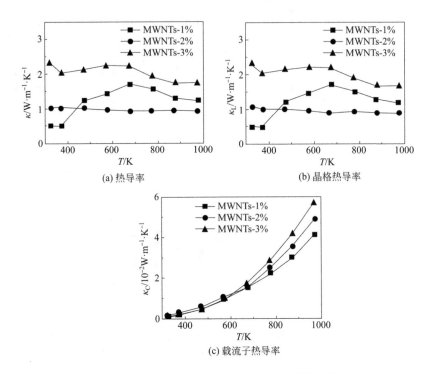

(a) 热导率　　　　　　　　(b) 晶格热导率

(c) 载流子热导率

图4-23　碳纳米管质量含量为1%~3%的碳纳米管/
锰锌铁氧体复合材料的热性能与温度依赖关系

热传导过程主要是通过载流子的运动和晶格振动来实现的，对于半导体材料，电子-空穴对形成的双极扩散也对热能输送有所贡献，半导体中热导率通常是上述三个热能输送机构的贡献之和：

$$\kappa = \kappa_C + \kappa_L + \kappa_b$$

式中　κ_C——载流子热导率；

　　　κ_L——晶格热导率；

　　　κ_b——双极扩散引起的热导率。

值得注意的是，当碳纳米管的质量含量为2%时，样品在高温范围内表现出较低的晶格热导率，这表明碳纳米管有降低热导率的潜质。

　锰锌铁氧体
　复合材料制备及应用

碳纳米管降低复合材料热导率可能的原因有：

① 碳纳米管在复合材料内排列不定向（如图 4-2 所示），网络结构之间产生约束作用，形成了很强的界面热阻，从而导致复合材料的热导率降低；

② 碳纳米管分布于锰锌铁氧体中，可以产生大量的相界、晶界、位错等缺陷（如图 4-2 所示），这些缺陷作为新的晶格散射中心，对声子的运动产生强烈的散射，使声子平均自由程缩短，从而大幅度降低晶格热导率，当碳纳米管的质量含量为 2%时，碳纳米管对声子的散射作用增强，从而得到了较低的晶格热导率；

③ 由于碳纳米管极易团聚，这使得实际与锰锌铁氧体进行有效接触的碳纳米管数量减少，导致起热传导作用的碳纳米管数减少，对热导率强化作用减弱，而碳纳米管团聚体之间存在严重的管-管声子散射作用，同样会降低热导率。然而随着碳纳米管质量含量进一步增加到 3%，复合材料的晶格热导率并没有继续下降，而是上升明显。

根据上述实验结果，碳纳米管质量含量为 3%时复合材料的晶粒尺寸和相对密度都为最大，因此复合材料中的晶界数量较少，从而导致声子散射能力降低，晶格热导率增大。

图 4-23（c）为碳纳米管质量含量为 1%～3%的碳纳米管/锰锌铁氧体复合材料的载流子热导率与温度依赖关系，可以看到，载流子热导率随碳纳米管含量的增加而增大，当碳纳米管质量含量为 3%时，达到 0.057 W·m^{-1}·K^{-1}。除此以外，高热导率碳纳米管的添加也是提高复合材料热导率的一个重要原因。

碳纳米管/锰锌铁氧体复合材料的无量纲热电性能指数 ZT 由公式 $ZT = S^2\sigma T/\kappa$（由实验测试得到的电导率 σ、Seebeck 系数 S 和热导率 κ）计算得出，结果如图 4-24 所示。从图中可以看出，所有样品的 ZT 值随着测试温度的升高而增大。碳纳米管质量含量为 1%和 2%样品的 ZT 值接近，分别为 0.032 和 0.038。处于 n 型与 p 型转变边界上的 3%碳纳米管的添加则表现出非常低的热电性能，其 ZT 值仅为 4×10^{-6}，与其他 p 型样品相比低了 3 个数量级。

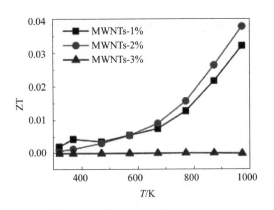

图 4-24　碳纳米管质量含量为 1%～3%的碳纳米管/
锰锌铁氧体复合材料的 ZT 值随温度变化关系

4.4
碳纳米管种类对复合材料热电性能的影响

理论预测碳纳米管的导电性能取决于其管径和管壁的螺旋角[62]。单壁碳纳米管的导电性能介于导体和半导体之间，其导电性能取决于碳纳米管的直径 d 和螺旋角 θ。对半导体 SWNTs，其能隙宽度与其直径呈反比关系。利用基于 Landauer 方程直接计算双壁碳纳米管的电导，计算结果表明，双壁碳纳米管内外层管之间弱的相互作用会对其电子输运性质产生显著的影响，从而导致双壁碳纳米管具有不同于单壁碳纳米管的独特的能带和电子传输特征[64]。DWNTs 中层间存在耦合效应，这个耦合效应使双壁碳纳米管的能带分裂，能级简并度降低，同时使得双壁碳纳米管的带隙变小[127,128]。这可能是由于 MWNTs 的添加使得复合物的电子结构发生变化，禁带宽度减小，使得 Seebeck 系数下降，这说明双壁碳纳米管的导电性能要优于单壁碳纳米管的导电性能。MWNTs 其管壁有数层，电子的传导更加复杂，不同种类碳纳米管的电性能表现出多样性，但是目前较少有人研究不同碳纳米管对复合材料的性能的影响。

本实验采用的碳纳米管/锰锌铁氧体复合粉体制备方法如第 3 章所述，其中碳纳米管的质量含量为 2%，x 值取 0.3，碳纳米管分别选取

MWNTs、DWNTs 和 SWNTs。所得复合粉体（CNTs/Mn$_{0.7}$Zn$_{0.3}$Fe$_2$O$_4$）不经后续热处理并采用上述实验的 SPS 烧结工艺进行烧结，即 100 ℃/min，750 ℃，40 MPa，保温保压 5 min。

图 4-25 为不同种类碳纳米管的碳纳米管/锰锌铁氧体复合材料块体的 XRD 图谱，碳纳米管的质量含量均为 2%，从图中可以看出，所有样品均在 2θ≈26.38° 处出现碳纳米管的（002）晶面对应的衍射峰，其中 MWNTs 复合材料的峰值最低而 SWNTs 复合材料的峰值最高。当碳纳米管为 MWNTs 时，样品中的衍射峰对应锰锌铁氧体的衍射峰，无杂质峰出现，结晶良好。而添加 DWNTs 和 SWNTs 的复合材料均出现杂质峰，杂质主要为 Fe$_2$O$_3$，锰锌铁氧体衍射峰的峰值减小，并向着低角度移动。这可能是由于碳纳米管层数减少，管径降低，同样的质量比例必然会使其体积比例提高，从而导致复合材料粉体在烧结过程中更容易发生式（4-2）和式（4-3）的反应。

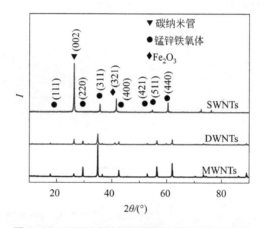

图 4-25 不同种类碳纳米管复合材料的 XRD 图谱

图 4-26 为不同种类碳纳米管的碳纳米管/锰锌铁氧体复合材料块体样品断面的 SEM 图片及 EDS 图谱，图 4-26（a）～（c）分别对应 MWNTs、DWNTs 和 SWNTs 的复合材料的 SEM 图。从图中可以看到，碳纳米管如箭头所示分布于锰锌铁氧体晶粒间，三组样品均无明显团聚现象出现。MWNTs/Mn$_{0.7}$Zn$_{0.3}$Fe$_2$O$_4$ 与 DWNTs/Mn$_{0.7}$Zn$_{0.3}$Fe$_2$O$_4$

复合材料的粒径相近，约为 200～500 nm，而 SWNTs/Mn$_{0.7}$Zn$_{0.3}$Fe$_2$O$_4$ 复合材料的粒径相较于前两者明显增大，但颗粒粒径分布不均匀，微小颗粒与较大颗粒同时存在，粒径在 500 nm～1 μm 之间。虽然如图所示碳纳米管种类对复合材料的晶体尺寸有一定影响，但与碳纳米管的质量比较，其对晶体尺寸的影响相比要小得多。对样品进行了能谱分析，其结果如图 4-26（d）～（f）所示，分别对应 MWNTs、DWNTs 和 SWNTs 的复合材料，样品的主要化学成分主要是 Mn、Zn、Fe、O、

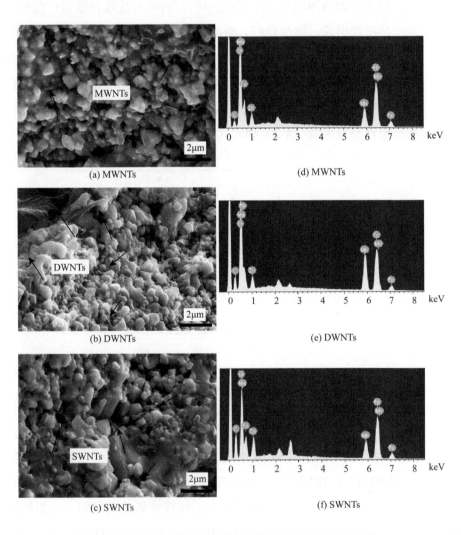

图 4-26　不同种类碳纳米管复合材料的 SEM 图与 EDS 图谱

C，且 MWNTs/Mn$_{0.7}$Zn$_{0.3}$Fe$_2$O$_4$ 复合材料中 C 元素比例最低，而 SWNTs/Mn$_{0.7}$Zn$_{0.3}$Fe$_2$O$_4$ 复合材料中 C 元素比例最高，结合 XRD 结果，分析认为该物相为碳纳米管和锰锌铁氧体。

图 4-27（a）为不同种类碳纳米管的碳纳米管/锰锌铁氧体复合材料的电导率与温度依赖关系。从图中可以看出，所有样品的电导率均随测试温度的升高而增大，这表明该复合材料表现出一种经典的半导体导电特性。碳纳米管的导电性能良好，且与其管径和管壁的螺旋角有关。一般来说，MWNTs 的电导率要低于 DWNTs 和 SWNTs。而 DWNTs 中层间存在的耦合效应使其能带分裂，能级简并度降低，使得双壁碳纳米管的能隙小于单壁碳纳米管的能隙，这说明 DWNTs 的导电性能要优于 SWNTs。然而从图 4-27（a）可以看到，在整个测试温度范围内，DWNTs/Mn$_{0.7}$Zn$_{0.3}$Fe$_2$O$_4$ 复合材料的电导率要明显小于碳纳米管为 MWNTs 和 SWNTs 的复合材料，这可能与其较低的载流子浓度有关。

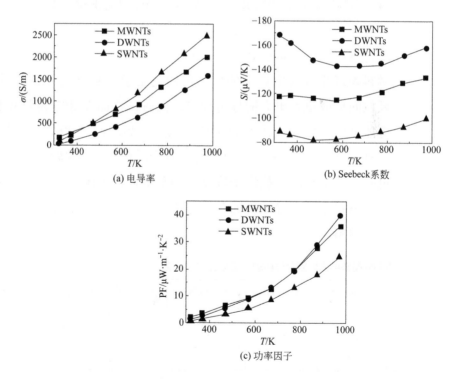

图 4-27　不同种类碳纳米管复合材料的电性能与温度依赖关系

表4-12为不同碳纳米管种类的CNTs/Mn$_{0.7}$Zn$_{0.3}$Fe$_2$O$_4$复合材料的一些室温物理性能。如表4-12所示，其室温下载流子浓度为$2.40×10^{18}$ cm^{-3}，与其他两组样品相比低了一个数量级。虽然其载流子迁移率最大，为2.25 cm^2/(V·s)，但从表中可以看到其相对密度为84%，为三组样品中的最低值，较低的密度有可能在复合材料中引进更多的空洞或其他体缺陷。与此同时，相同质量比例下作为第二相分布于锰锌铁氧体颗粒中的DWNTs的数量要多于MWNTs，而从SEM图中可知两种样品的晶粒尺寸几乎不变，因此 DWNTs/Mn$_{0.7}$Zn$_{0.3}$Fe$_2$O$_4$复合材料的晶界数量增加，从而增加了晶界对载流子的散射作用，使其电导率降低。测试温度较低时，MWNTs/Mn$_{0.7}$Zn$_{0.3}$Fe$_2$O$_4$复合材料表现出较高的电导率，其室温载流子浓度为$2.56×10^{19}$ cm^{-3}，是 SWNTs/Mn$_{0.7}$Zn$_{0.3}$Fe$_2$O$_4$复合材料载流子浓度的两倍多。然而随着温度的不断升高，SWNTs/Mn$_{0.7}$Zn$_{0.3}$Fe$_2$O$_4$复合材料的电导率增速加快，逐渐超过 MWNTs/Mn$_{0.7}$Zn$_{0.3}$Fe$_2$O$_4$复合材料。当测试温度为973 K 时，SWNTs/Mn$_{0.7}$Zn$_{0.3}$Fe$_2$O$_4$复合材料电导率的值为2494 S/m，与 MWNTs/Mn$_{0.7}$Zn$_{0.3}$Fe$_2$O$_4$和 DWNTs/Mn$_{0.7}$Zn$_{0.3}$Fe$_2$O$_4$复合材料相比分别提高了 22%和 56%。SWNTs/Mn$_{0.7}$Zn$_{0.3}$Fe$_2$O$_4$复合材料表现出较大电导率的原因可能是由于 SWNTs 会在锰锌铁氧体颗粒间形成更多更大的导电通道，同时该样品在 SPS 烧结过程中有可能产生更多的 Fe^{2+}和氧空位，以及样品晶粒尺寸较大，降低了晶界对载流子的散射作用，从而导致复合材料的电导率较高。由表 4-12 可知，三组样品的载流子浓度均为负值，表明碳纳米管/锰锌铁氧体复合材料中占主导地位的载流子为电子载流子，即复合材料为 n 型热电材料。

表 4-12　不同种类碳纳米管复合材料的一些室温物理性能

种类	d_r	$\sigma^{①}$/(S/m)	$S^{①}$/(μV/K)	μ/[cm^2/(V·s)]	n/cm^{-3}
MWNTs	89%	108	−118	0.34	−2.56×10^{19}
DWNTs	84%	13	−168	2.25	−2.40×10^{18}
SWNTs	93%	42	−90	0.55	−1.02×10^{19}

① 室温电导率和 Seebeck 系数是通过 50℃的实验数据推算所得。

图 4-27（b）为不同种类碳纳米管的碳纳米管/锰锌铁氧体复合材料的 Seebeck 系数与温度依赖关系图，可以看出，所有复合材料的 Seebeck 系数均为负值，该结果与霍尔测试结果相同。三组样品中 DWNTs/Mn$_{0.7}$Zn$_{0.3}$Fe$_2$O$_4$ 复合材料的 Seebeck 系数最大，最大值达到 168 μV/K，SWNTs/Mn$_{0.7}$Zn$_{0.3}$Fe$_2$O$_4$ 复合材料的 Seebeck 系数最小，最小值为 82 μV/K。这可能是由于不同类型碳纳米管的添加，对碳纳米管/锰锌铁氧体复合材料的禁带宽度有所影响。同时，热电参数关系显示，Seebeck 系数与有效质量 m^* 成正比、与载流子浓度 n 成反比，电导率与有效质量 m^* 成反比、与载流子浓度 n 成正比。因此一般来说电导率增加会引起其 Seebeck 系数下降，本实验结果符合这一规律。

不同碳纳米管种类的碳纳米管/锰锌铁氧体复合材料的功率因子（PF）由电导率和 Seebeck 系数计算所得，PF 与温度的关系如图 4-27（c）所示。所有样品的 PF 曲线均随温度的升高而增大。当测试温度低于 773 K 时，MWNTs/Mn$_{0.7}$Zn$_{0.3}$Fe$_2$O$_4$ 复合材料的 PF 值要高于其他两组样品，当测试温度高于 773 K 时，DWNTs/Mn$_{0.7}$Zn$_{0.3}$Fe$_2$O$_4$ 复合材料的 PF 值增速加快，其值要高于 MWNTs/Mn$_{0.7}$Zn$_{0.3}$Fe$_2$O$_4$ 复合材料，这与其较高的 Seebeck 系数有关。测试温度为 973 K 时，MWNTs/Mn$_{0.7}$Zn$_{0.3}$Fe$_2$O$_4$ 和 SWNTs/Mn$_{0.7}$Zn$_{0.3}$Fe$_2$O$_4$ 复合材料的 PF 值分别为 36.5 μW·m^{-1}·K^{-2} 和 24.9 μW·m^{-1}·K^{-2}。PF 最大值为 40.1 μW·m^{-1}·K^{-2}（DWNTs/Mn$_{0.7}$Zn$_{0.3}$Fe$_2$O$_4$ 复合材料），略低于 MWNTs 质量含量为 1%时的 MWNTs/Mn$_{0.7}$Zn$_{0.3}$Fe$_2$O$_4$ 复合材料（40.6 μW·m^{-1}·K^{-2}）。

图 4-28（a）为不同种类碳纳米管的碳纳米管/锰锌铁氧体复合材料的热导率与温度依赖关系。从图中可以看出，所有样品的热导率均随测试温度的升高而减小，这主要是由于晶格热振动引起的强声子散射。SWNTs/Mn$_{0.7}$Zn$_{0.3}$Fe$_2$O$_4$ 复合材料的热导率最高，为 1.748 W·m^{-1}·K^{-1}，这可能是由于样品较大的相对密度和颗粒尺寸使样品中相界、晶界等数量减少，降低了对声子的散射，其结果表现为热导率明显提高。除此以外，相关文献[129]的实验数据显示单根 SWNTs 的热导率要明显高于 MWNTs 的热导率，因此 SWNTs 的高热导率也

是 SWNTs/$Mn_{0.7}Zn_{0.3}Fe_2O_4$ 复合材料表现出较高热导率的一个主要原因。值得注意的是，DWNTs/$Mn_{0.7}Zn_{0.3}Fe_2O_4$ 复合材料，其相对密度最小，晶粒尺寸与 MWNTs/$Mn_{0.7}Zn_{0.3}Fe_2O_4$ 复合材料相近，且与 MWNTs 相比，DWNTs 作为第二相分散于 $Mn_{0.7}Zn_{0.3}Fe_2O_4$ 颗粒中会产生更多的相界、晶界、位错等缺陷，这些本应该使其热导率下降，然而实验结果显示 DWNTs/$Mn_{0.7}Zn_{0.3}Fe_2O_4$ 复合材料的热导率要高于 MWNTs/$Mn_{0.7}Zn_{0.3}Fe_2O_4$ 复合材料。

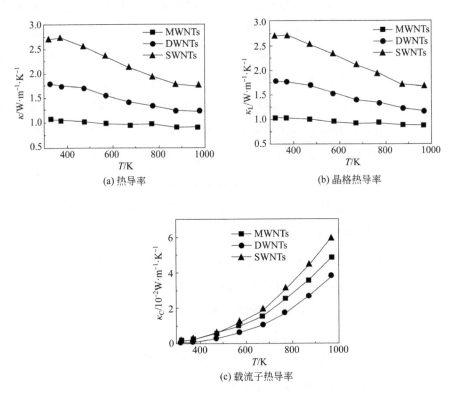

(a) 热导率　　　　　　　　　　(b) 晶格热导率

(c) 载流子热导率

图4-28　不同种类碳纳米管复合材料的热性能与温度依赖关系

计算 CNTs/$Mn_{0.7}Zn_{0.3}Fe_2O_4$ 复合材料的晶格热导率，结果如图4-28（b）所示。从图中可看出，添加量为 2% 的 3 种碳纳米管及测试温度对 κ_L 的影响规律与其对 κ 的影响规律基本一致。当碳纳米管为 DWNTs 时，相同质量 DWNTs 的根数要多于 MWNTs，在 $Mn_{0.7}Zn_{0.3}Fe_2O_4$ 中的分布的均匀性下降，从而使复合材料对声子的散射能力减弱，导致其晶格热导率的增加。

复合材料的载流子热导率如图 4-28（c）所示，SWNTs/$Mn_{0.7}Zn_{0.3}Fe_2O_4$复合材料的载流子热导率最高，为 0.059 $W·m^{-1}·K^{-1}$，其高的晶格和载流子热导率导致其热导率最大。而双壁碳纳米管是一种仅由两层石墨层片按照一定螺旋角卷曲而成的双层管状结构的一维纳米材料，介于单壁碳纳米管和多壁碳纳米管之间。由于 DWNTs 的两层管壁之间存在相互作用，会因为管壁间的"Umklapp"散射会抑制碳纳米管的导热性能，有可能使其整体的热导率低于 SWNTs 而高于 MWNTs[124,125]。这些都可能使 DWNTs/$Mn_{0.7}Zn_{0.3}Fe_2O_4$复合材料表现出的热导率要高于MWNTs/$Mn_{0.7}Zn_{0.3}Fe_2O_4$复合材料。

不同碳纳米管种类的碳纳米管/锰锌铁氧体复合材料的无量纲热电性能指数 ZT 由公式 $ZT = S^2\sigma T / \kappa$（由实验测试得到的电导率 σ、Seebeck 系数 S 和热导率 κ）计算得出，结果如图 4-29 所示。从图中可以看出，所有样品的 ZT 值均随着测试温度的升高而增大，MWNTs/$Mn_{0.7}Zn_{0.3}Fe_2O_4$ 和 DWNTs/$Mn_{0.7}Zn_{0.3}Fe_2O_4$ 复合材料的 ZT 值相近，分别为 0.038 和 0.031，是 SWNTs/$Mn_{0.7}Zn_{0.3}Fe_2O_4$ 复合材料的两倍多。

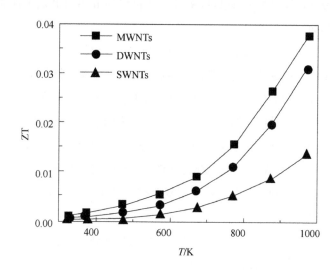

图 4-29 不同种类碳纳米管复合材料的 ZT 值随温度变化关系

本章小结

· · · ·

本章采用 SPS 烧结技术制备了碳纳米管/锰锌铁氧体复合材料。研究了不同锌掺杂量、碳纳米管含量与碳纳米管种类对复合材料物相、形貌及热电性能的影响。探讨了金属离子掺杂与碳纳米管在复合材料中的作用机理。结论如下：

① 采用 SPS 烧结技术成功制备了碳纳米管/锰锌铁氧体复合材料，并对其物相、形貌、致密度及热电性能进行了测试，结果表明烧结温度、压力和保温时间对于复合材料的微观形貌和热电性能有较大的影响，通过对 ZT 值进行回归分析，SPS 的最优工艺确定为：烧结温度 750 ℃，压力 40 MPa，保温时间 5 min，升温速度 100 ℃/min。

② 复合材料的粒径随锌离子的添加先减小再增加，过多的 Zn^{2+} 会影响碳纳米管的稳定性，导致复合材料结晶度不好。Zn^{2+} 含量的增加可以提高复合材料的电导率，但与此同时 Seebeck 系数减小且热导率增大，通过对 S、σ、κ 的综合分析，当 $x=0.3$ 时，样品 ZT 值达到最大值，且此时样品的粒径最小。

③ 适量碳纳米管的添加可以明显提高复合材料的电导率同时降低热导率，且复合材料的粒径随碳纳米管含量的增加而增大。当碳纳米管含量>2%时，复合材料由 n 型热电材料转变为 p 型。通过对复合材料热电性能的测试发现，碳纳米管/锰锌铁氧体复合材料为 n 型时其热电性能远超过 p 型，更具研究价值。

④ 三种碳纳米管中，SWNTs 对复合材料的电导率贡献较大，但同时会降低 Seebeck 系数、增大热导率。相对于仅仅调整金属离子掺杂量，碳纳米管与锰锌铁氧体的复合材料在提高 ZT 值的同时，晶粒结晶状态好，且粒径明显细化，同时样品的密度保持在一个较高的水平。MWNTs 与 DWNTs 复合材料的 ZT 值差别不大，通过对各组实验的热电性能分析，碳纳米管质量含量为 2%时的 $MWNTs/Mn_{0.7}Zn_{0.3}Fe_2O_4$ 复合材料 ZT 值最大，为 0.038，是一种潜在的热电材料，由此可以证实复合材料中存在热电效应，验证了第 3 章机理分析的正确性。当 $x=0.3$，MWNTs 质量含量为 2%时，复合材料的热电性能最好，同时温控达到热疗要求，虽然与传统热电材料相比其 ZT 值较小，但对温控效应的作用同样具有研究意义。

Chapter 5

第 5 章

石墨烯/锰锌铁氧体复合材料的热电性能

- 石墨烯/锰锌铁氧体复合材料的制备工艺
- 结果与讨论
- 本章小结

通过第 4 章分析可知，碳纳米管与锰锌铁氧体的复合材料可以提高材料的热电性能，但制约复合材料的主要因素仍然是其过低的电导率。石墨烯为零带隙半导体，电子与晶格之间、电子和电子之间都有很强的相互作用，同时石墨烯晶格结构稳定，不会因晶格缺陷或引入外来原子而发生散射，使其表现出优异的导电性。实验室对石墨烯电学性能进行了测试，结果如图 5-1 所示。与图 4-17 比较可以看到，石墨烯的电导率是碳纳米管的 8 倍多，且 Seebeck 系数基本不变，通过计算碳纳米管与石墨烯的功率因子 PF 分别为 5.6 $\mu W \cdot m^{-1} \cdot K^{-2}$ 和 28.3 $\mu W \cdot m^{-1} \cdot K^{-2}$。因此石墨烯与锰锌铁氧体复合有望进一步提高其热电性能。还原氧化石墨烯（reduced graphene oxide，RGO）在基于石墨烯材料的制备中占有重要的战略地位，单原子厚度和二维平面结构赋予 RGO 巨大的比表面积，能够负载大量的锰锌铁氧体纳米颗粒，阻止它们团聚，同时也赋予锰锌铁氧体新的性质和功能。因此本章制备了石墨烯/锰锌铁氧体与 RGO/锰锌铁氧体两种复合材料，并对其进行表征，与碳纳米管/锰锌铁氧体复合材料的热电性能进行对比。同时由第 4 章可知碳纳米管与锰锌铁氧体的复合材料导电机制为 n 型时热电性能更好，而从图 5-1 可知，本实验石墨烯同样为 n 型热电材料，因此本章会控制石墨烯的含量，使复合材料为 n 型热电材料。

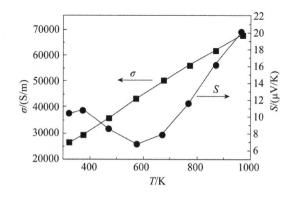

图 5-1　石墨烯的电学性能与温度依赖关系

5.1
石墨烯/锰锌铁氧体复合材料的制备工艺

5.1.1 实验材料

本实验制备了两种石墨烯/锰锌铁氧体复合材料，x 值选取 0.3，采用的石墨烯分别为一般石墨烯和 RGO。

5.1.2 石墨烯/锰锌铁氧体复合材料的制备

复合粉体的制备方法如第 3 章所述，制备过程如图 5-2 所示，其中石墨烯/锰锌铁氧体复合材料中 $x=0.3$，石墨烯的质量含量分别为 1%、2%、3%；RGO/锰锌铁氧体复合材料中 $x=0.3$，RGO 的质量含量分别为 0.5%、1.0%、1.5%。所得复合粉体不经后续热处理并采用上述实验的 SPS 烧结工艺进行烧结，即 100 ℃/min，750 ℃，40 MPa，保温保压 5 min。图 5-3 为 SPS 制备的石墨烯/锰锌铁氧体复合材料块体的示意图。可以看到，经 SPS 烧结后，石墨烯均匀分布于锰锌铁氧体颗粒间，并与其形成新的晶界，使复合材料的晶界数量增加，同时与碳纳米管相比，石墨烯比表面积更大，分散更均匀。

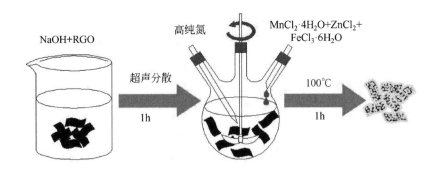

图 5-2 RGO/锰锌铁氧体复合粉体制备示意图

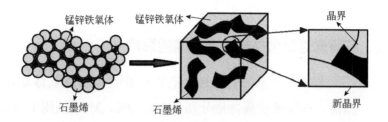

图 5-3 SPS 制备的石墨烯/锰锌铁氧体复合材料块体的示意图

5.2
结果与讨论

5.2.1 复合材料粉体形貌

图 5-2 为 RGO/锰锌铁氧体复合材料的制备过程示意图，由于 RGO 表面存在官能团，锰锌铁氧体纳米粒子通过共价作用均匀负载在 RGO 表面，这种作用力阻止了锰锌铁氧体纳米粒子团聚，可以得到稳定的 RGO/锰锌铁氧体磁性纳米复合材料[130]。

图 5-4（a）所示为石墨烯质量含量为 1% 的石墨烯/锰锌铁氧体粉体颗粒，可以看到共沉淀法制备出的颗粒呈不规则的球形结构，锰锌铁氧体粉体颗粒散落在石墨烯周围且存在明显的团聚现象。图 5-4（b）所示为 RGO 质量含量为 1% 的 RGO/锰锌铁氧体粉体颗粒，可以看到，RGO 为透明薄膜，表面积更大，黑色的铁氧体颗粒均匀附着于 RGO 表面，团聚现象得到明显改善。这对复合材料的稳定性有利，从而提高整体性能。

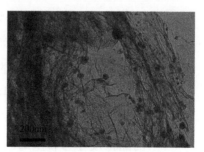

(a) 石墨烯质量含量为1%的石墨烯/
锰锌铁氧体粉体的TEM图

(b) RGO 1%的RGO/锰锌铁氧体
复合材料粉体的TEM图

图 5-4　粉体形貌

5.2.2 石墨烯对复合材料热电性能的影响

图 5-5 为不同石墨烯含量的石墨烯/锰锌铁氧体复合材料的 XRD 图谱，石墨烯质量含量分别为 1%、2%、3%。从图中可以看出共沉淀法制备出的石墨烯/锰锌铁氧体复合材料均出现了面心立方锰锌铁氧体的特征峰，且衍射峰明显，无杂质峰出现，说明复合材料中的锰锌铁氧体结晶状态良好。当石墨烯质量含量为 1%时，样品中无明显石墨烯衍射峰，这主要是由于石墨烯的含量较低。随着石墨烯含量的增加，样品在 $2\theta \approx 26.48°$ 处出现无序排列石墨烯片的（002）晶面对应的衍射峰[126]。

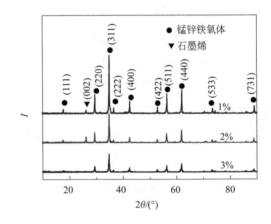

图 5-5 不同石墨烯含量的石墨烯/锰锌铁氧体复合材料的 XRD 图谱

图 5-6 为不同石墨烯含量的石墨烯/锰锌铁氧体复合材料块体样品断面的 SEM 图片及 EDS 图谱，图 5-6（a）～（c）分别对应石墨烯质量含量为 1%、2%、3%的样品的 SEM 图。石墨烯如箭头所示分布于锰锌铁氧体晶粒间，从图中可以看到，石墨烯片为多层结构，且与锰锌铁氧体晶粒的接触部分存在较大的孔洞。石墨烯/锰锌铁氧体复合材料的晶粒尺寸与石墨烯的含量有很大的关系，平均粒径随着石墨烯的质量含量的增加而增大。当石墨烯质量含量为 1%时，复合材料的粒径仅为 50～100 nm，随着石墨烯质量含量增加到 2%，复合材料的粒径增

加到 500 nm 左右。然而随着石墨烯进一步增加到 3%，样品的平均粒径变化不大，仍在 500 nm 左右。对石墨烯质量含量为 2% 的复合材料进行了能谱分析，其结果如图 5-6（d）所示。样品的主要化学成分分别为 Mn、Zn、Fe、O、C，结合 XRD 结果，分析认为该物相为石墨烯和锰锌铁氧体。

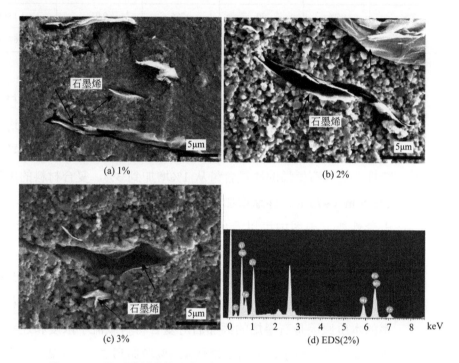

图 5-6　不同石墨烯含量的石墨烯/锰锌铁氧体复合材料的 SEM 图与 EDS 图谱

样品的相对密度见表 5-1，可以看到石墨烯含量对复合材料的相对密度的影响与其对粒径的影响相似。随着石墨烯质量含量从 1% 增加到 2%，复合材料的相对密度从 84% 增加到 95%，而当石墨烯质量含量继续增加到 3% 时，样品的相对密度为 94%，并没有明显的增加。实验结果表明，适量石墨烯的添加可以增加复合材料的晶粒尺寸和相对密度。

不同石墨烯含量的石墨烯/锰锌铁氧体复合材料的一些室温物理性能如表 5-1 所示，室温下的电导率和 Seebeck 系数由 50 ℃ 的实验值估算得到。与文献[20]报道的锰锌铁氧体相比，石墨烯/锰锌铁氧体复合材料同样表现出较高的电导率，表明石墨烯的添加可以提高电导率，从而对提高复合材料的 ZT 值有利。

表 5-1 不同石墨烯含量的复合材料的一些室温物理性能

石墨烯	d_r	$\sigma^{①}$/(S/m)	$S^{①}$/(μV/K)	μ/[cm²/(V·s)]	n/cm⁻³
1%	84%	0.3	−240	19.35	−1.31×10¹⁶
2%	95%	30	−286	0.91	−1.18×10¹⁹
3%	94%	54	−170	3.30	−1.67×10¹⁸

① 室温电导率和 Seebeck 系数是通过 50℃的实验数据推算所得。

图 5-7（a）为不同石墨烯含量的石墨烯/锰锌铁氧体复合材料的电导率与温度依赖关系。从图中可以看出，所有样品的电导率均随测试温度的升高而增大，这表明该复合材料表现出一种经典的半导体导电特性。随着石墨烯的质量含量从 1%增加到 3%，复合材料的电导率从 271 S/m（973 K）逐渐增加到 2600 S/m（973 K）。图 5-1 为石墨烯的电学性能，由图中可以看出，石墨烯本身的电导率很高，可以达到 68384 S/m，是碳纳米管的 8 倍多，因此石墨烯的添加会提高复合材料的电导率。除此以外，随着石墨烯含量的增加，样品的晶粒尺寸增大，同样会提高复合材料的电导率。提高石墨烯/锰锌铁氧体复合材料电导率的本质原因是石墨烯的添加后对复合材料载流子浓度和迁移率的改善。如表 5-1 所示，随着石墨烯从 1%增加到 2%，室温下复合材料的载流子浓度从 $1.31×10^{16}$ cm⁻³ 增加到 $1.18×10^{19}$ cm⁻³，与此同时复合材料的载流子迁移率从 19.35 cm²/(V·s)减小到 0.91 cm²/(V·s)。虽然当石墨烯质量含量继续增加到 3%时，复合材料的载流子浓度下降到 $1.67×10^{18}$ cm⁻³，但是其载流子迁移率增加到 3.30 cm²/(V·s)。因此石墨烯的添加对复合材料的载流子浓度和迁移率都有影响。所有复合材料的载流子均为负数，表明石墨烯/锰锌铁氧体复合材料占主导地位的载流子是电子载流子，为 n 型热电材料。

图 5-7（b）为不同石墨烯含量的石墨烯/锰锌铁氧体复合材料的 Seebeck 系数与温度依赖关系图，可以看出，石墨烯/锰锌铁氧体复合材

料的 Seebeck 系数在测试温度范围内均为负值，与霍尔测试结果相同。石墨烯质量含量分别为 1%、2%、3% 的复合材料的最大 Seebeck 系数分别为 288 μV/K（973 K）、271 μV/K（343 K）和 159 μV/K（343 K）。可以看到，随着石墨烯含量的增加，Seebeck 系数最大值所在的温度值显著下降，这可能与其居里温度有关[37]。当石墨烯质量含量为 1% 时，复合材料的 Seebeck 系数随温度的变化曲线存在多个拐点，Seebeck 系数随着测试温度的升高先增加后减小，该趋势与锰锌铁氧体的 Seebeck 系数相似[130]，结果表明 1% 的石墨烯不足以改变锰锌铁氧体的固有载流子传导。随着石墨烯含量的继续增加，Seebeck 系数随测试温度的曲线趋于平缓，当石墨烯质量含量为 3% 时，石墨烯/锰锌铁氧体复合材料的 Seebeck 系数随温度的升高而逐渐减小。一般来说，由于载流子的影响，材料电导率增加的同时，其 Seebeck 系数会有所下降[131]。值得注意的是，当石墨烯质量含量从 1% 增加到 2% 时，石墨烯/锰锌铁氧

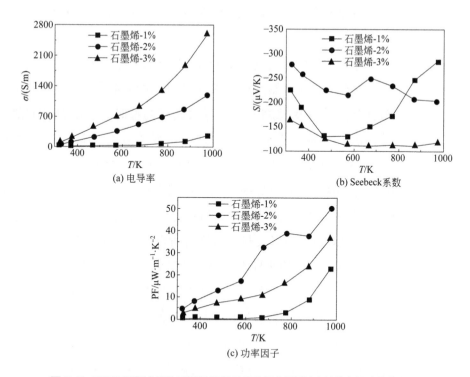

图 5-7　不同石墨烯含量的石墨烯/锰锌铁氧体复合材料的电性能与温度依赖关系

体复合材料在载流子浓度和电导率增加的同时，其 Seebeck 系数也得到提高。由公式 $S = -(K_B/e)\ln\left\{\beta[Fe^{3+}]_B/[Fe^{2+}]_B\right\}$（$[Fe^{3+}]_B$ 和 $[Fe^{2+}]_B$ 分别是八面体位置上的 Fe^{3+} 和 Fe^{2+} 离子，$\beta=1$）可知，石墨烯的添加有可能减少锰锌铁氧体 B 位上的 Fe^{2+} 的数量。

石墨烯/锰锌铁氧体复合材料的功率因子（PF）由电导率和 Seebeck 系数计算所得，PF 与温度的关系如图 5-7（c）所示。样品的 PF 曲线与电导率相似，随温度的升高而增大。由于石墨烯质量含量为 2%时表现出最大的 Seebeck 系数和较高的电导率，该样品的 PF 值达到最大，为 50.2 $\mu W \cdot m^{-1} \cdot K^{-2}$，与碳纳米管/锰锌铁氧体复合材料相比提高了 24%。

图 5-8（a）为不同石墨烯含量的石墨烯/锰锌铁氧体复合材料的热导率与温度依赖关系，从图中可以看出，石墨烯/锰锌铁氧体复合材料的热导率与文献中的铁氧体相比数值较小，最小值为 0.298 $W \cdot m^{-1} \cdot K^{-1}$（1%，373 K），最大值为 2.987 $W \cdot m^{-1} \cdot K^{-1}$（1%，673 K）。低温时石墨烯/锰锌铁氧体复合材料的热导率随着石墨烯含量的增加而增加，这主要是由于石墨烯质量含量为 1%复合材料的晶粒尺寸较小从而表现出较小的热导率。然而在 373～737 K 温度范围内石墨烯质量含量为 1%样品的热导率急剧增大，导致其在高温时表现出较高的热导率，甚至高于石墨烯质量含量为 2%和 3%的复合材料。半导体热导率 $\kappa = \kappa_L + \kappa_C + \kappa_b$，即热导率是晶格振动贡献的热导率、载流子热导率和双极扩散引起的热导率三部分贡献之和。因此，石墨烯质量含量为 1%样品在高温时的高热导率，可能是由于复合材料高温产生电子-空穴对形成的双极扩散以及热能输送有所贡献。当石墨烯质量含量为 2%～3%时，复合材料的热导率在整个测试温度范围内随石墨烯含量的增加而增加，这主要是由于石墨烯本身的热导率较高以及较大的晶粒尺寸所致。且这两组样品的热导率均随着测试温度的升高而降低，这主要是由于晶格热振动引起的强声子散射。值得注意的是，当石墨烯的质量含量为 2%时，复合材料在具有高电导率、高 Seebeck 系数的同时表现出较低的热导率，这可能是由于当石墨烯的质量含量在 2%时，石墨

烯作为第二相均匀分布于锰锌铁氧体中会产生更多的相界、晶界、位错等缺陷，同时这一含量的石墨烯对声子的散射作用较强，从而降低了材料的晶格热导率。由 Wiedemann-Franz 定律：$\kappa_C = L\sigma T$（$L \approx 2.45 \times 10^{-8}$ W·Ω·K^{-2}，σ 为前面实测的电导率，T 为绝对温度），估算载流子热导率（κ_C）。石墨烯/锰锌铁氧体复合材料的晶格热导率（κ_L）通过公式 $\kappa_L = \kappa - \kappa_C$ 计算得到，结果如图 5-8（b）所示。从图中可看出，石墨烯含量及测试温度对 κ_L 的影响规律与其对 κ 的影响规律基本一致。不同石墨烯含量的石墨烯/锰锌铁氧体复合材料的载流子热导率如图 5-8（c）所示，随着石墨烯含量的增加而增大，当石墨烯质量含量为 3% 时，达到 0.062 W·m^{-1}·K^{-1}，与晶格热导率相比，载流子热导率过低，可以忽略不计。

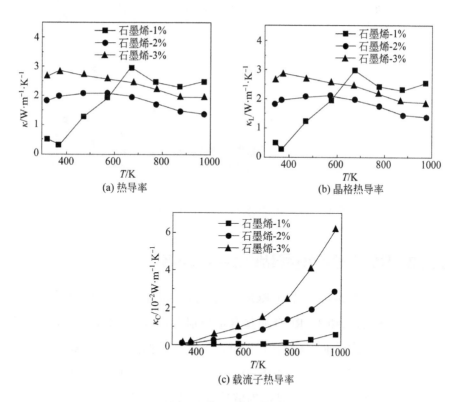

图 5-8　不同石墨烯含量的石墨烯/锰锌铁氧体复合材料的
热性能与温度依赖关系

石墨烯/锰锌铁氧体复合材料的无量纲热电性能指数 ZT 由公式 $ZT = S^2\sigma T / \kappa$（由实验测试得到的电导率 σ、Seebeck 系数 S 和热导率 κ）计算得出，结果如图 5-9 所示。从图中可以看出，所有样品的 ZT 值均随着测试温度的升高而增大。石墨烯质量含量为 2% 样品的 ZT 值为 0.035，是石墨烯质量含量为 3% 样品的 2 倍，与石墨烯质量含量为 1% 的样品相比甚至高出一个数量级。上述实验结果表明，石墨烯的含量并非越大越好，而是在一定的含量（2%）对提高复合材料热电性能的作用最大。与传统热电材料相比石墨烯/锰锌铁氧体复合材料的 ZT 值仍然较小，为进一步提高复合材料的 ZT 值，可以通过改变石墨烯类型来实现。

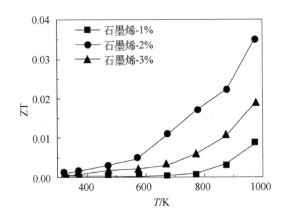

图 5-9　不同石墨烯含量的石墨烯/锰锌铁氧体复合材料的 ZT 值随温度变化关系

5.2.3　RGO 对复合材料热电性能的影响

图 5-10 为不同 RGO 含量的 RGO/锰锌铁氧体复合材料块体的 XRD 图谱，$x=0.3$，RGO 质量含量分别为 0.5%、1.0%、1.5%。从图中可以看到，由于 RGO 的含量较低，所有样品都没有出现 RGO 对应的衍射峰。共沉淀法制备出的 RGO/锰锌铁氧体复合材料均出现了面心立方锰锌铁氧体的特征峰，且衍射峰明显，无杂质峰出现，说明复合材料中的锰锌铁氧体结晶状态良好。

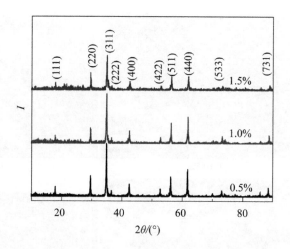

图 5-10 不同 RGO 含量的 RGO/锰锌铁氧体复合材料的 XRD 图谱

图 5-11 为不同 RGO 含量的 RGO/锰锌铁氧体复合材料块体样品断面的 SEM 图片,图(a)~(c)分别对应石墨烯质量含量为 0.5%、1.0%、1.5% 的样品。RGO 如箭头所示分布于锰锌铁氧体晶粒间,从图中可以看到,RGO 为透明的薄片,且与石墨烯/锰锌铁氧体复合材料相比,RGO 与锰锌铁氧体晶粒的接触部分孔洞减小。RGO/锰锌铁氧体复合材料的晶粒尺寸与 RGO 的含量有很大的关系,平均粒径随着 RGO 的含量的增加而增大。当 RGO 质量含量为 0.5% 时,复合材料的粒径约为 100 nm,随着 RGO 质量含量增加到 1%,复合材料的颗粒尺寸增加但大小不规则,粒径在 500 nm~2 μm 左右。随着 RGO 进一步增加到 1.5%,RGO/锰锌铁氧体复合材料的粒径增大到 1~2 μm。对 RGO 质量含量为 1% 的复合材料进行了能谱分析,其结果如图 5-11(d)所示。样品的主要化学成分分别为 Mn、Zn、Fe、O、C,结合 XRD 结果,分析认为该物相为 RGO 和锰锌铁氧体。样品的相对密度见表 5-2,可以看到 RGO 含量对复合材料相对密度的影响与其对粒径的影响相似。随着 RGO 质量含量从 0.5% 增加到 1.5%,复合材料的相对密度从 74% 增加到 99%。实验结果表明,适量 RGO 的添加可以增加复合材料的晶粒尺寸和相对密度。

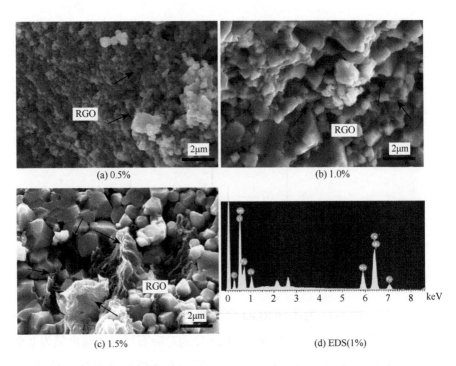

(a) 0.5%   (b) 1.0%

(c) 1.5%   (d) EDS(1%)

图 5-11　不同 RGO 质量含量的 RGO/锰锌铁氧体复合材料的 SEM 图和 EDS 图谱

表 5-2　不同 RGO 含量的复合材料的一些室温物理性能

RGO	d_r	$\sigma^{①}$/(S/m)	$S^{①}$/(μV/K)	μ/[cm²/(V·s)]	n/cm⁻³
0.5%	74%	3	−292	13.75	$-1.59×10^{15}$
1.0%	93%	81	−174	0.34	$-2.06×10^{19}$
1.5%	99%	89	−140	1.01	$-4.28×10^{18}$

① 室温电导率和 Seebeck 系数是通过 50℃ 的实验数据推算所得。

　　图 5-12（a）为不同 RGO 含量的 RGO/锰锌铁氧体复合材料的电导率与温度依赖关系。从图中可以看出，所有样品的电导率均随测试温度的升高而增大，这表明该复合材料表现出一种经典的半导体导电特性。随着 RGO 的含量从 0.5% 增加到 1.5%，RGO/锰锌铁氧体复合材料的电导率从 448 S/m（973 K）逐渐增加到 2312 S/m（973 K），提高至 5 倍多。这主要是由于 RGO 的电导率较高以及随着 RGO 含量的增加，样品的晶粒尺寸增大从而提高了复合材料的电导率。RGO/锰锌铁

氧体复合材料电导率提高的本质原因是 RGO 的添加对复合材料载流子浓度和迁移率的改善。表 5-2 为不同 RGO 含量的 RGO/锰锌铁氧体复合材料的一些室温物理性能，室温下的电导率和 Seebeck 系数由 50 ℃的实验值估算得到。与文献[20]报道的锰锌铁氧体相比，RGO/锰锌铁氧体复合材料同样表现出较高的电导率，表明 RGO 的添加可以提高电导率，从而对提高复合材料的 ZT 值有利。如表 5-2 所示，随着 RGO 从 0.5%增加到 1.0%，室温下复合材料的载流子浓度从 1.59×10^{15} cm^{-3} 增加到 2.06×10^{19} cm^{-3}，与此同时复合材料的载流子迁移率从 13.75 cm^2/(V·s) 减小到 0.338 cm^2/(V·s)。虽然当 RGO 含量继续增加到 1.5%时，复合材料的载流子浓度下降到 4.28×10^{18} cm^{-3}，但是其载流子迁移率增加到 1.01 cm^2/(V·s)。由于 RGO 的添加对复合材料的载流子浓度和迁移率的改善，RGO/锰锌铁氧体复合材料的电导率得到提高。所有复合材料的载流子均为负数，表明 RGO/锰锌铁氧体复合材料占主导地位的载流子是电子载流子，为 n 型热电材料。

图 5-12（b）为不同 RGO 含量的 RGO/锰锌铁氧体复合材料的 Seebeck 系数与温度依赖关系图，可以看出，RGO/锰锌铁氧体复合材料的 Seebeck 系数在测试温度范围内均为负值，与霍尔测试结果相同。由于载流子的影响，材料电导率的增加的同时，其 Seebeck 系数会有所下降，如图 5-12（b）所示，RGO/锰锌铁氧体复合材料的 Seebeck 系数符合这一规律，随着 RGO 含量的增加而减小。当 RGO 含量为 0.5%时，复合材料的 Seebeck 系数随测试温度的升高而降低，随着 RGO 含量的增加，复合材料 Seebeck 系数随着测试温度的升高先减小后增加。与石墨烯/锰锌铁氧体复合材料相反，随着 RGO 含量的增加，Seebeck 系数最大值所在的温度值显著提高。复合材料的最大值由 RGO 含量为 0.5%的复合材料获得，为 288 μV/K（323 K）。

RGO/锰锌铁氧体复合材料的功率因子（PF）由电导率和 Seebeck 系数计算所得，PF 与温度的关系如图 5-12（c）所示。样品的 PF 曲线与电导率相似，随温度的升高而增大。由于 RGO 含量为 1.0%时表现出较大的电导率和 Seebeck 系数，该样品的 PF 值达到最大，为

57.6 μW·m⁻¹·K⁻², 与碳纳米管/锰锌铁氧体和石墨烯/锰锌铁氧体复合材料相比，分别提高了 42%和 15%。

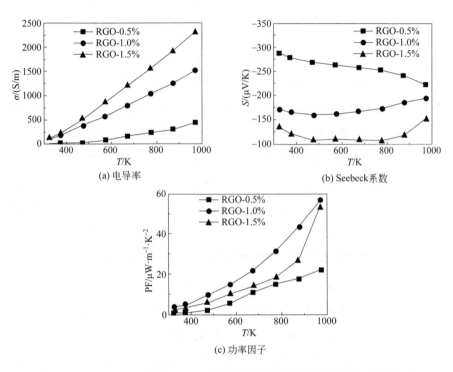

(a) 电导率

(b) Seebeck系数

(c) 功率因子

图 5-12　不同 RGO 含量的 RGO/锰锌铁氧体复合材料的电性能与温度依赖关系

图 5-13（a）为不同 RGO 含量的 RGO/锰锌铁氧体复合材料的热导率与温度依赖关系。从图中可以看出，RGO/锰锌铁氧体复合材料的热导率较小（<3.019 W·m⁻¹·K⁻¹）。当 RGO 含量为 0.5%～1.0%时，复合材料的热导率均随着测试温度的升高而降低，这主要是由于晶格热振动引起的强声子散射。当 RGO 含量增加到 1.5%时，复合材料的热导率随测试温度的升高先增大后减小。值得注意的是，样品的晶粒尺寸和相对密度随着 RGO 含量的增加而增加，然而在低温范围（低于 673 K）RGO 的添加会大大降低复合材料的热导率，RGO 的含量越大，其下降幅度越大。这可能是由于 RGO 的添加对复合材料的双极扩散引起的热导率产生影响，从而降低 RGO/锰锌铁氧体复合材料的热导率。

RGO/锰锌铁氧体复合材料热导率的最小值由 RGO 含量为 1.5% 的样品得到，为 0.665 W·m^{-1}·K^{-1}（323 K）。然而在高温范围，RGO/锰锌铁氧体复合材料的热导率随着 RGO 的增加而增加，这主要是由于 RGO 本身的热导率较高以及样品较大的晶粒尺寸。由 Wiedemann-Franz 定律：$\kappa_C = L\sigma T$（$L \approx 2.45 \times 10^{-8}$ W·Ω·K^{-2}，σ 为前面实测的电导率，T 为绝对温度），估算了载流子热导率（κ_C）。石墨烯/$Mn_{0.7}Zn_{0.3}Fe_2O_4$ 复合材料的晶格热导率（κ_L）通过公式 $\kappa_L = \kappa - \kappa_C$ 计算得到，结果如图 5-13（b）所示。从图中可看出，RGO 含量及测试温度对 κ_L 的影响规律与其对 κ 的影响规律基本一致。不同 RGO 含量的 RGO/锰锌铁氧体复合材料的载流子热导率如图 5-13（c）所示，随 RGO 含量的增加而增大，载流子主要增加材料的热导率。当 RGO 含量为 1.5% 时，为 0.055 W·m^{-1}·K^{-1}，比最小的热导率低一个数量级，可以忽略不计。

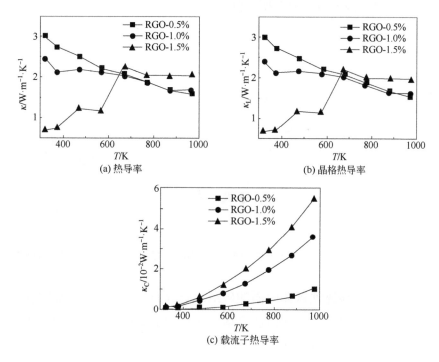

图 5-13　不同 RGO 含量的 RGO/锰锌铁氧体复合材料的热性能与温度依赖关系

RGO/锰锌铁氧体复合材料的无量纲热电性能指数 ZT 由公式

$ZT = S^2 \sigma T / \kappa$（由实验测试得到的电导率 σ、Seebeck 系数 S 和热导率 κ）计算得出，结果如图 5-14 所示。从图中可以看出，当 RGO 含量为 0.5%和 1%时，样品的 ZT 值随着测试温度的升高而增大。而当 RGO 含量增加到 1.5%时，样品的 ZT 值在 573～673 K 有一定的下降趋势，随后随温度的升高而增大。在低温范围（573 K），RGO/锰锌铁氧体复合材料的 ZT 值随 RGO 含量的增加而增加，而在高温范围 RGO 含量为 1%复合材料的 ZT 值急剧增加。RGO 含量为 1%时，复合材料的 ZT 值达到最大，为 0.033，是 RGO 含量为 0.5%复合材料的 2 倍多，与 RGO 含量为 1.5%的样品相比提高了 27%。上述实验结果表明，RGO 的含量并非越大越好，而是在一定的含量（1%）对提高复合材料热电性能的作用最大。虽然 RGO 含量为 1%复合材料的 PF 值大于碳纳米管/锰锌铁氧体和石墨烯/锰锌铁氧体复合材料，但由于其热导率较大，因此 ZT 值反而有所下降。

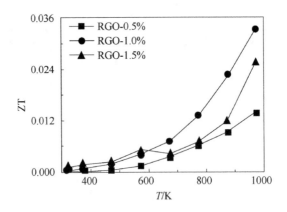

图 5-14　不同 RGO 含量的 RGO/锰锌铁氧体复合材料的 ZT 值随温度变化关系

锰锌铁氧体中添加碳纳米管或石墨烯，可以增加材料的晶粒尺寸和晶界数量，从而达到增加热电性能的效果。图 5-15 为由前述数据总结的碳纳米管（石墨烯）/锰锌铁氧体复合材料和文献中铁氧体的 log$|S|$-logσ 图[20,130,132]。半导体的 Seebeck 系数可以表示为：

$$S = 8\pi^2 K_{\text{B}}^2 / \left(3eh^2\right) m^* T \left(\pi / n\right)^{2/3} \tag{5-1}$$

式中　K_B——玻尔兹曼常数；

　　　　h——普朗克常数；

　　　　e——电子电荷；

　　　　m^*——有效质量；

　　　　T——绝对温度；

　　　　n——载流子浓度。

Seebeck 系数及其电导率 $\sigma = ne\mu$ 之间的关系可以从方程推导为 $S \propto \sigma^{-2/3}$。图 5-15 说明了文献数据与这种关系有很好的一致性，本研究中复合材料的情况也符合这一关系。可以看到，添加碳纳米管或石墨烯后复合材料的数值明显右移，该结果表明，本研究中复合材料的电导率和 Seebeck 系数得到明显优化，从而提高了其热电性能。碳纳米管/锰锌铁氧体和 RGO/锰锌铁氧体复合材料的电子传导与其他半导体的机理类似，可以推断其较大的 Seebeck 系数不是因为能量过滤效应，而是仅归因于其低导电性。因此，在复合材料中测量的在 973 K 下的高 ZT 值（0.038）归因于其低热导率。而石墨烯/锰锌铁氧体复合材料在提高电导率的同时，Seebeck 系数也得到提高。这与铁氧体的 Seebeck 系数 $S = -(K_B/e)\ln\left\{\beta[Fe^{3+}]_B/[Fe^{2+}]_B\right\}$ 有关，适量的石墨烯添加有可能减少锰锌铁氧体 B 位上的 Fe^{2+} 的数量。

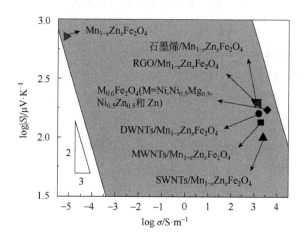

图 5-15　本研究复合材料及文献中铁氧体的电导率与 Seebeck 系数的对数图[20,130,132]

本章小结

　　本章针对碳纳米管/锰锌铁氧体复合材料在热电性能方面存在的问题以及石墨烯所具有的优异性能，提出了石墨烯与锰锌铁氧体纳米复合的策略来提高其热电性能，并与碳纳米管/锰锌铁氧体复合材料的热电性能进行对比。以此为思路，设计了石墨烯/锰锌铁氧体和 RGO/锰锌铁氧体两种复合材料，并研究了其热电性能，同时分析了石墨烯对复合材料热电性能的影响。结论如下：

　　① 采用化学共沉淀法成功制备了两种复合材料粉体，通过 TEM 照片观察到石墨烯/锰锌铁氧体复合材料中锰锌铁氧体纳米粒子没有负载在石墨烯表面，且颗粒团聚现象严重。而锰锌铁氧体纳米粒子可以均匀负载在 RGO 表面上，无明显团聚现象。

　　② 采用 SPS 烧结技术，在 100 ℃/min、40 MPa 条件下，750 ℃烧结 5 min，将复合材料体制备成块体。采用 XRD 对材料进行表征，结果证明锰锌铁氧体结晶状态良好，无杂质峰出现。从 FESEM 照片可以看到，石墨烯和 RGO 都会促进烧结过程中晶粒的长大，且分散均匀。与石墨烯/锰锌铁氧体复合材料相比，RGO 锰锌铁氧体晶粒的接触部分孔洞减小。与碳纳米管/锰锌铁氧体复合材料相比，石墨烯复合材料的晶粒尺寸更小，且石墨烯分散更为均匀，因此性能稳定性会更好。

　　③ 对复合材料进行了热电性能的研究，虽然 RGO/锰锌铁氧体的晶粒尺寸更大，密度更高，但其电导率要低于石墨烯/锰锌铁氧体复合材料，与此同时其 Seebeck 系数较大，因此计算所得的功率因子与石墨烯/锰锌铁氧体复合材料相比提高了 15%。通过与碳纳米管/锰锌铁氧体复合材料相比较发现，石墨烯/锰锌铁氧体和 RGO/锰锌铁氧体复合材料的电导率和 Seebeck 系数都得到提高，但同时两者的热导率也有所提高，计算所得的 ZT 值分别为 0.035 和 0.033。

　　④ 添加碳纳米管或石墨烯后锰锌铁氧体的电导率和 Seebeck 系数得到明显优化，从而提高了其热电性能。

Chapter 6

第 6 章

锰锌铁氧体复合材料的应用现状及发展趋势

- 锰锌铁氧体复合材料的应用现状
- 锰锌铁氧体复合材料的发展趋势

Chapter 6

锰锌铁氧体是一种具有尖晶石结构的软磁铁氧体材料，常常用于工业生产中的音响设备、通信设备等。随着材料科学，尤其是复合材料的不断发展，人们对锰锌铁氧体复合材料的制备及性能进行了更为深入的研究和探讨。SPS烧结技术是一种快速、环保的新型烧结技术，采用该方法可以在较高的烧结温度下得到更小的晶粒、更高的致密度。锰锌铁氧体复合材料因其较好的磁性能、较低的居里温度、较高的Seebeck系数和较低的热导率，在生物医药、吸波材料、热电材料等方向具有潜在的应用前景。而锰锌铁氧体复合材料在交变磁场中磁热效应和热电效应相互影响下，可以为其控制发热和温度恒定等方向的应用提供一种新的、可行的解决方法和理论依据。因此本书主要对锰锌铁氧体复合材料的制备及其在癌症磁热疗方向和热电材料方向的应用进行了一定的研究探讨。

6.1
锰锌铁氧体复合材料的应用现状

最早用于肿瘤热疗的磁性材料是四氧化三铁（Fe_3O_4）[133]，后来逐渐出现了$\gamma\text{-}Fe_2O_3$[134]，$MeFe_2O_4$（Me=Mn，Ni，Co，Zn，Fe）铁氧体[135,136]以及FePt、NiPt和NiPd等合金[137-139]，在这些磁性材料中，铁氧体系的抗氧化能力强，因此具有比较稳定的磁响应能力。虽然目前对热疗用磁性材料的研究很多，但实验和临床热疗用的磁性材料，最主要的还是集中在Fe_3O_4和$\gamma\text{-}Fe_2O_3$。这主要是由于材料应用于生物中时，需要具有生物相容性、无毒性、不被网状内皮系统吸收和低蛋白吸收等特点[140]，同时还需要考虑材料在治疗和诊断两方面的综合性能，减少对病人的副作用[133,141]。近年来研究发现纳米铁氧体具有饱和磁化强度高、良好的生物相容性和低毒性等优点[142-144]，同时，其居里温度恰好高于治疗温度，一旦温度超过居里温度便会自动降温，不会引起组织碳化[145]，从而成为一种理想的磁热疗材料，得到了广泛的关注和研究。但是铁氧体材料精确控温、稳定恒温和均匀分散的问题仍是亟待解决的难点，因此在其中添加碳纳米材料，以期解决上述问题。碳纳米材料作为新型的纳米材料性能稳定，密度小，且具有独特的物理结构和特殊的电学特性，基于碳纳米材料的复合材料在磁性材料的领域中一直是研究的热点，具有广阔的应用前景[146-149]。碳纳米材料中的碳纳米管和石墨烯均具有优异的电学性能，因此其与锰锌铁氧体的复合可以实现性能上的优势互补，该锰锌铁氧体复合材料所表现出的热电效应也表明该复合材料具有作为新型热电材料的潜质。

本书以锰锌铁氧体为基体，采用化学共沉淀方法成功制备了碳纳米管/锰锌铁氧体和石墨烯/锰锌铁氧体的复合材料粉体，并采用 SPS 烧结技术获得复合材料块体。以复合材料的温控效应及热电性能作为研究切入点，具体研究了碳纳米管/锰锌铁氧体复合材料粉体的温控效应，以及碳纳米管/锰锌铁氧体和石墨烯/锰锌铁氧体的复合材料的热电性能。探讨了金属离子掺杂、碳纳米管和石墨烯在复合材料中的作用。

碳纳米管或 RGO 的加入可使锰锌铁氧体纳米颗粒均匀地附着在碳纳米管或 RGO 表面，有效改善了锰锌铁氧体颗粒的团聚现象。碳纳米管的添加，一方面增加了复合材料的电导率，从而增大了涡流损耗产热；另一方面，粉体中的碳纳米管有可能形成涡流环路，相当于增加了材料的涡流环路直径，从而增加了涡流损耗，增大了产热量，使得其比饱和磁化强度降低的情况下产热量增加。复合材料温控机制除了锰锌铁氧体的低居里温度外，另一个重要原因是由于法拉第电磁感应，碳纳米管/锰锌铁氧体复合材料内会产生电流，碳纳米管的加入有可能使复合材料的热电性能提高，从而发生 Peltier 效应，产生制冷效果。此外，部分锰锌铁氧体颗粒有可能进入碳纳米管管壁内，使局部范围内存在一个微小的磁场，由于电磁感应而在导体碳纳米管中产生局部电流，当复合材料具有热电性能时，同样会产生电制冷现象，使复合材料在交变磁场下产生的一部分热量被吸收，从而达到恒温的效果。碳纳米管与锰锌铁氧体的复合可以提高材料的产热量，且温度控制稳定，符合热疗 42~48 ℃的温度要求。

经过 SPS 烧结工艺后，碳纳米管或石墨烯在基体中保存状况良好，且适量碳纳米管或石墨烯的添加可以有效提高材料的热电性能。由此可以证实复合材料中存在热电效应，是一种潜在的热电材料，验证了温控机理分析的正确性。虽然与传统热电材料相比其 ZT 值较小，但其对温控效应的作用同样具有研究意义。

6.2
锰锌铁氧体复合材料的发展趋势

随着科技的进步，对多功能复合材料的要求不断提高，促进了锰锌铁氧体复合材料的发展。锰锌铁氧体复合材料的制备及其在磁热疗和热电材料方向的应用已取得了一定的成果，但关于复合材料的组成、微观结构、性能等方面的理论研究还不够成熟。为了进一步改善和提高锰锌铁氧体复合材料的性能，需要对以下几个方面做进一步的研究：

① 寻找碳纳米材料在铁氧体基体中均匀分散的方法，改善降低碳纳米材料团聚现象。

② 采用更合理的实验法对工艺参数进行设计分析，深入研究其对复合材料微观结构及性能的影响。

③ 进一步研究将锰锌铁氧体复合材料制作为磁流体的产热情况及进行生物学方面的测试。

参考文献

[1] Babincová M, Leszczynska D, Sourivong P, et al. Superparamagnetic gel as a novel material for electromagnetically induced hyperthermia[J]. Journal of magnetism and magnetic materials, 2001, 225(1/2): 109-112.

[2] Jordan A, Wust P, Scholz R, et al. Cellular uptake of magnetic fluid particles and their effects on human adenocarcinoma cells exposed to AC magnetic fields in vitro[J]. International journal of hyperthermia, 1996, 12(6): 705-722.

[3] Zhao Y, Tang G S, Yu Z Z, et al. The effect of graphite oxide on the thermoelectric properties of polyaniline[J]. Carbon, 2012, 50(8): 3064-3073.

[4] Liu Y, Gao L. A study of the electrical properties of carbon nanotube-NiFe$_2$O$_4$ composites: Effect of the surface treatment of the carbon nanotubes[J]. Carbon, 2005, 43(1): 47-52.

[5] King R C Y, Roussel F, Brun J F, et al. Carbon nanotube-polyaniline nanohybrids: influence of the carbon nanotube characteristics on the morphological, spectroscopic, electrical and thermoelectric properties[J]. Synthetic metals, 2012, 162(15/16): 1348-1356.

[6] Zhu W, Wang L, Zhao R, et al. Electromagnetic and microwave-absorbing properties of magnetic nickel ferrite nanocrystals[J]. Nanoscale, 2011, 3(7): 2862-2864.

[7] Kinnari P, Upadhyay R V, Mehta R V. Magnetic properties of Fe-Zn ferrite substituted ferrofluids[J]. Jourmal of magnetism and magnetic materials, 2002, 252: 35-38.

[8] Sugimoto M. The past, present, and future of ferrites[J]. Journal of the American Ceramic Society, 1999, 82(2): 269-280.

[9] Tawfik A. Electromechanical and pyroelectric properties in CoZn ferrite transducer[J]. Journal of magnetism and magnetic materials, 2002, 248(2): 332-335.

[10] Hu J, Yan M, Luo W. Preparation of high-permeability NiZn ferrites at low sintering temperatures[J]. Physica B: condensed matter, 2005, 368(1/4): 251-260.

[11] Ott G, Wrba J, Lucke R. Recent developments of Mn-Zn ferrites for high permeability applications[J]. Journal of magnetism and magnetic materials, 2003, 254: 535-537.

[12] 章林, 吴卫和, 王德平, 等. 纳米 MnZn 铁氧体微粒的磁热效应和细胞毒性[J]. 中国生物医学工程学报, 2008, 27(1): 122-127.

[13] Papazoglou P, Eleftheriou E, Zaspalis V T. Low sintering temperature MnZn-ferrites for power applications in the frequency region of 400 kHz[J]. Journal of magnetism and magnetic materials, 2006, 296(1): 25-31.

[14] Rath C, Sahu K K, Anand S, et al. Preparation and characterization of nanosize Mn-Zn ferrite[J]. Journal of magnetism and magnetic materials, 1999, 202(1): 77-84.

[15] 曲远方. 功能陶瓷材料[M]. 北京: 化学工业出版社, 2003.

[16] 李荫远, 李国栋. 铁氧体物理学[M]. 北京: 科学出版社, 1978.

[17] 林其壬. 铁氧体工艺原理[M]. 上海: 上海科学技术出版社, 1987.

[18] 大森豊明. 磁性材料手册[M]. 刘代琦, 梁宇青, 译. 北京: 机械工业出版社, 1987.

[19] 路新丽, 张东生, 顾宁, 等. 肿瘤热疗用锰锌铁氧体纳米粒的制备及表征[J]. 东南大学学报(自然科学版), 2004, 34(1): 82-84.

[20] Ravinder D, Latha K. Electrical conductivity of Mn-Zn ferrites[J]. Journal of applied physics, 1994, 75(10): 6118-6120.

[21] Ravinder D, Kumar K V. Thermoelectric power studies of erbium substituted Mn-Zn ferrites[J]. Materials letters, 2001, 49(2): 57-62.

[22] Kumar B R, Ravinder D. Thermoelectric power studies of gadolinium substituted Mn-Zn-Gd ferrites[J]. Materials letters, 2002, 53(6): 441-445.

[23] Ravinder D, Kumar B R. Thermoelectric power studies of cerium substituted Mn-Zn ferrites[J]. Materials chemistry and physics, 2003, 82(2): 321-326.

[24] Rao A D P, Ramesh B, Rao P R M, et al. Thermoelectric power studies of Sn/Nb substituted Mn-Zn ferrites[J]. Journal of materials science, 1999, 34(3): 621-623.

[25] Nlebedim I C, Levin E M, Prozorov R, et al. Magnetic and thermoelectric properties of cobalt ferrite[J]. IEEE transactions on magnetics, 2013, 49(7): 4269-4272.

[26] Wu C C, Kumarakrishnan S, Mason T O. Thermopower composition dependence in ferrospinels[J]. Journal of solid state chemistry, 1981, 37(2): 144-150.

[27] Shaikh A M, Kanamadi C M, Chougule B K. Electrical resistivity and thermoelectric power studies on Zn-substituted Li-Mg ferrites[J]. Materials chemistry and physics, 2005, 93(2/3): 548-551.

[28] Krishna K R, Kumar K V, Lincoln C A, et al. Thermoelectric power studies Cu-Cd ferrites[J]. World journal of condensed matter physics, 2012, 2: 24-26.

[29] Ravinder D, Kumar G R, Venudhar Y C. High-temperature thermoelectric power studies of copper substituted nickel ferrites[J]. Journal of alloys and compounds, 2004, 363(1/2): 6-9.

[30] Gaffoor A, Ravinder D. High-temperature thermoelectric power studies of Ni-Mg ferrites[J]. World journal of condensed matter physics, 2012, 2: 237-240.

[31] Ravinder D, Reddy A C S, Kumar J S. Thermoelectric power studies of Li-Ge ferrites[J]. Journal of materials science letters, 2002, 21(19): 1513-1515.

[32] Ashok C, Ravinder D. Thermoelectric power studies of magnesium and aluminium substituted lithium ferrites[J]. Journal of alloys and compounds, 2005, 394(1-2): 5-7.

[33] Kroto H W, Heath J R, O'Brien S C, et al. C_{60}: Buckminster fullerene[J]. Nature, 1985, 318: 162-163.

[34] Krätschmer W, Lamb L D, Fostiropoulos K, et al. Solid C_{60}: A new form of carbon[J]. Nature, 1991, 347: 354-358.

[35] Iijima S. Helical microtubules of graphitic carbon [J]. Nature, 1991, 354 (6314): 56-58.

[36] Bethune D S, Kiang C H, De Vries M S, et al. Cobalt-catalysed growth of carbon nanotubes with single-atomic-layer walls[J]. Nature, 1993, 363(6430): 605-607.

[37] Iijima S, Ichihashi T. Single-shell carbon nanotubes of 1-nm diameter[J]. Nature, 1993, 363(6430): 603-605.

[38] Novoselov K S, Geim A K, Morozov S V, et al. Electric field effect in atomically thin carbon films[J]. Science, 2004, 306(5696): 666-669.

[39] Al-Jishi R, Dresselhaus G. Lattice-dynamical model for graphite[J]. Physical review B, 1982, 26(8): 4514-4522.

[40] Han S, Zhai W, Chen G, et al. Morphology and thermoelectric properties of graphene nanosheets enwrapped with polypyrrole[J]. RSC advances, 2014, 4(55): 29281-29285.

[41] 王骥, 贾宝平, 袁宁一, 等. 铁酸盐-还原石墨烯复合材料的制备及其对亚甲基蓝的吸附[J]. 环境工程学报, 2016, 10(7): 3616-3622.

[42] Li N, Zheng M, Chang X, et al. Preparation of magnetic CoF_2O_4-functionalized graphene sheets via a facile hydrothermal method and their adsorption properties[J]. Journal of solid state chemistry, 2011, 184 (4): 953-958.

[43] Wang X, Zhi L, Müllen K. Transparent, conductive graphene electrodes for dye-sensitized solar cells[J]. Nano letters, 2008, 8(1): 323-327.

[44] Geim A K, Novoselov K S. The rise of graphene[J]. Nature materials, 2007, 6(3): 183-191.

[45] Hashimoto A, Suenaga K, Gloter A, et al. Direct evidence for atomic defects in graphene layers[J]. Nature, 2004, 430(7002):870-873.

[46] Meyer J C, Geim A K, Katsnelson M I, et al. The structure of suspended graphene sheets[J]. Nature, 2007, 446(7131): 60-63.

[47] Thess A, Lee R, Nikolaev P, et al. Crystalline ropes of metallic carbon nanotubes[J]. Science, 1996, 273(5274): 483-487.

[48] Pan Z W, Xie S S, Chang B H, et al. Very long carbon nanotubes[J]. Nature, 1998, 394(6694): 631-632.

[49] Saito R, Dresselhaus G, Dresselhaus M S. Physical properties of carbon Nanotubes[M]. London: Imperial College Press, 1998.

[50] Dresselhaus M S, Dresselhaus G, Saito R. Carbon fibers based on C_{60} and their symmetry[J]. Physical review B, 1992, 45(11): 6234.

[51] White C T, Robertson D H, Mintmire J W. Helical and rotational symmetries of nanoscale graphitic tubules[J]. Physical review B, 1993, 47(9): 5485.

[52] Dresselhaus M S, Dresselhaus G, Saito R. Physics of carbon nanotubes[J]. Carbon, 1995, 33(7): 883-891.

[53] Lee C, Wei X, Kysar J W, et al. Measurement of the elastic properties and intrinsic strength of monolayer graphene[J]. Science, 2008, 321(5887): 385-388.

[54] Wong E W, Sheehan P E, Lieber C M. Nanobeam mechanics: elasticity, strength, and toughness of nanorods and nanotubes[J]. Science, 1997, 277(5334): 1971-1975.

[55] Dresselhaus M S, Dresselhaus G, Avouris P. Carbon nanotubes: synthesis, structure, properties, and applications [J]. New York: Springer, 2000.

[56] Treacy M M J, Ebbesen T W, Gibson J M. Exceptionally high Young's modulus observed for individual carbon nanotubes[J]. Nature, 1996, 381(6584): 678-680.

[57] Frank S, Poncharal P, Wang Z L, et al. Carbon nanotube quantum resistors[J]. Science, 1998, 280(5370): 1744-1746.

[58] Liang W, Bockrath M, Bozovic D, et al. Fabry-Perot interference in a nanotube electron waveguide[J]. Nature, 2001, 411(6838): 665-669.

[59] Hone J, Llaguno M C, Nemes N M, et al. Electrical and thermal transport properties of magnetically aligned single wall carbon nanotube films[J]. Applied physics letters, 2000, 77(5): 666-668.

[60] Shi L, Li D, Yu C, et al. Measuring thermal and thermoelectric properties of one-dimensional nanostructures using a microfabricated device[J]. Journal of heat transfer, 2003, 125(5): 881-888.

[61] Jin R, Zhou Z X, Mandrus D, et al. The effect of annealing on the electrical and thermal transport properties of macroscopic bundles of long multi-wall carbon nanotubes[J]. Physica B: condensed matter, 2007, 388(1/2): 326-330.

[62] Miao T, Ma W, Zhang X, et al. Significantly enhanced thermoelectric properties of ultralong double-walled carbon nanotube bundle[J]. Applied physics letters, 2013, 102(5): 053105.

[63] 田红灯, 王畅, 王利光. 锯齿型单壁与双壁碳纳米管电子学特性比较研究[J]. 黑龙江大学自然科学学报, 2009, 26(1): 121-124.

[64] Kociak M, Kasumov A Y, Guéron S, et al. Superconductivity in ropes of single-walled carbon nanotubes[J]. Physical review letters, 2001, 86(11): 2416.

锰锌铁氧体
复合材料制备及应用

[65] Chen J W, Yang L F. Electron transport properties of the finite double-walled carbon nanotubes[J]. Acta physica sinica, 2005, 54(5): 2183-2187.

[66] Novoselov K S, Geim A K, Morozov S V, et al. Two-dimensional gas of massless Dirac fermions in graphene[J]. Nature, 2005, 438(7065): 197-200.

[67] Neto A H C, Guinea F, Peres N M R, et al. The electronic properties of graphene[J]. Reviews of modern physics, 2009, 81(1): 109.

[68] 游鸿强. Graphene 体系中的隧穿效应[D]. 杭州: 浙江大学, 2012.

[69] Morozov S V, Novoselov K S, Katsnelson M I, et al. Giant intrinsic carrier mobilities in graphene and its bilayer [J]. Physical review letters, 2008, 100(1): 016602.

[70] 朱宏伟, 吴德海, 徐才录. 碳纳米管[M]. 北京: 机械工业出版社, 2003.

[71] 谭仕华. 石墨烯纳米带热电性质及其调控的第一性原理研究[D]. 长沙: 湖南大学, 2014.

[72] Choi J, Tu N D K, Lee S S, et al. Controlled oxidation level of reduced graphene oxides and its effect on thermoelectric properties[J]. Macromolecular research, 2014, 22(10): 1104-1108.

[73] Goze-Bac C, Latil S, Lauginie P, et al. Magnetic interactions in carbon nanostructures[J]. Carbon, 2002, 40(10): 1825-1842.

[74] Sadat M E, Patel R, Bud S L, et al. Dipole-interaction mediated hyperthermia heating mechanism of nanostructured Fe_3O_4 composites[J]. Materials letters, 2014, 129: 57-60.

[75] Laurent S, Dutz S, Häfeli U O, et al. Magnetic fluid hyperthermia: focus on superparamagnetic iron oxide nanoparticles[J]. Advances in colloid and interface science, 2011, 166(1/2): 8-23.

[76] Jordan A, Scholz R, Wust P, et al. Effects of magnetic fluid hyperthermia (MFH) on C3H mammary carcinoma in vivo[J]. International journal of hyperthermia, 1997, 13(6): 587-605.

[77] 刘爱红, 孙康宁, 李爱民. 肿瘤热疗机制与方法的研究进展[J]. 现代生物医学进展, 2006(11): 105-108.

[78] 沈旭黎, 宋孟杰, 张宇, 等. 肿瘤热疗用磁性纳米颗粒制备及其聚集态对升温效果的影响[J]. 东南大学学报(医学版), 2011, 30(5): 675-679.

[79] 倪海燕, 张东生, 顾宁, 等. 肿瘤热疗用锰锌铁氧体磁性纳米粒的制备及表征[J]. 电子显微学报, 2006, 25(1): 66-70.

[80] Hussain S T, Gilani S R, Ali S D, et al. Decoration of carbon nanotubes with magnetic $Ni_{1-x}Co_xFe_2O_4$ nanoparticles by microemulsion method [J]. Journal of alloys and compounds, 2012, 544: 99-104.

[81] Zhang Q, Zhu M, Zhang Q, et al. Synthesis and characterization of carbon nanotubes decorated with manganese-zinc ferrite nanospheres[J]. Materials chemistry and physics, 2009, 116(2/3): 658-662.

[82] 曹慧群, 林碧玉, 张晟诘, 等. 水热法制备锰锌铁氧体/碳纳米管磁性材料[J]. 深圳大学学报理工版, 2013, 30(1): 12-16.

[83] Shahnavaz Z, Woi P M, Alias Y. A hydrothermally prepared reduced graphene oxide-supported copper ferrite hybrid for glucose sensing[J]. Ceramics international, 2015, 41(10): 12710-12716.

[84] Fei P, Zhong M, Lei Z, et al. One-pot solvothermal synthesized enhanced magnetic zinc ferrite—reduced graphene oxide composite material as adsorbent for methylene blue removal[J]. Materials letters, 2013, 108: 72-74.

[85] Yao Y, Qin J, Cai Y, et al. Facile synthesis of magnetic $ZnFe_2O_4$-reduced graphene oxide hybrid and its photo-Fenton-like behavior under visible irradiation[J]. Environmental science and pollution research, 2014, 21(12): 7296-7306.

[86] Zong M, Huang Y, Zhang N. Reduced graphene oxide-$CoFe_2O_4$ composite: synthesis and electromagnetic absorption properties[J]. Applied surface science, 2015, 345: 272-278.

[87] Koumoto K, Terasaki I, Funahashi R. Complex oxide materials for potential thermoelectric applications[J]. MRS bulletin, 2006, 31(3): 206-210.

[88] Ohta H, Sugiura K, Koumoto K. Recent Progress in oxide thermoelectric materials: p-type $Ca_3Co_4O_9$ and n-type $SrTiO_3$ [J]. Inorganic chemistry, 2008, 47(19): 8429-8436.

[89] Ma F, Ou Y, Yang Y, et al. Nanocrystalline structure and thermoelectric properties of electrospun $NaCo_2O_4$ nanofibers [J]. The journal of physical chemistry C, 2010, 114(50): 22038-22043.

[90] 李涵. 熔体旋甩法制备高性能纳米结 n 型填充式方钴矿化合物的研究[D]. 武汉: 武汉理工大学, 2009.

[91] 刘恩科, 朱秉升, 罗晋生, 等. 半导体物理学[M]. 北京: 电子工业出版社, 2003.

[92] 高敏, 张景韶, Rowe D M. 温差电转换及其应用[M]. 北京: 兵器工业出版社, 1996.

[93] 吴大猷. 理论物理(第五册): 热力学、气体运动论及统计力学[M]. 北京: 科学出版社, 1983.

[94] Seol J H, Jo I, Moore A L, et al. Two-dimensional phonon transport in supported graphene[J]. Science, 2010, 328(5975): 213-216.

[95] Yu C, Kim Y S, Kim D, et al. Thermoelectric behavior of segregated-network polymer nanocomposites[J]. Nano letters, 2008, 8(12): 4428-4432.

[96] Meng C, Liu C, Fan S. A promising approach to enhanced thermoelectric properties using carbon nanotube networks[J]. Advanced materials, 2010, 22(4): 535-539.

[97] Lu Y, Song Y, Wang F. Thermoelectric properties of graphene nanosheets-modified polyaniline hybrid nanocomposites by an in situ chemical polymerization[J]. Materials chemistry and physics, 2013, 138(1): 238-244.

[98] Wang L, Liu F, Jin C, et al. Preparation of polypyrrole/graphene nanosheets composites with enhanced thermoelectric properties[J]. RSC advances, 2014, 4(86): 46187-46193.

[99] Bark H, Kim J S, Kim H, et al. Effect of multiwalled carbon nanotubes on the thermoelectric properties of a bismuth telluride matrix[J]. Current applied physics, 2013, 13:S111-S114.

锰锌铁氧体
复合材料制备及应用

[100] Kim K T, Choi S Y, Shin E H, et al. The influence of CNTs on the thermoelectric properties of a CNT/Bi$_2$Te$_3$ composite[J]. Carbon, 2013, 52: 541-549.

[101] 罗派峰, 唐新峰, 熊聪, 等. 多壁碳纳米管对 p 型 Ba$_{0.3}$FeCo$_3$Sb$_{12}$ 化合物热电性能的影响[J]. 物理学报, 2005, 54(5): 2403-2406.

[102] 任冬梅, 李宗圣, 郝鹏鹏. 碳纳米管化学[M]. 北京: 化学工业出版社, 2013.

[103] Hong S, Kim E S, Kim W, et al. A hybridized graphene carrier highway for enhanced thermoelectric power generation[J]. Physical chemistry chemical physics, 2012, 14(39): 13527-13531.

[104] Dong J, Liu W, Li H, et al. In situ synthesis and thermoelectric properties of PbTe—graphene nanocomposites by utilizing a facile and novel wet chemical method[J]. Journal of materials chemistry A, 2013, 1(40): 12503-12511.

[105] Suh D, Lee S, Mun H, et al. Enhanced thermoelectric performance of Bi$_{0.5}$Sb$_{1.5}$Te$_3$-expanded graphene composites by simultaneous modulation of electronic and thermal carrier transport[J]. Nano energy, 2015, 13: 67-76.

[106] Kim D, Kim Y, Choi K, et al. Improved thermoelectric behavior of nanotube-filled polymer composites with poly (3, 4-ethylenedioxythiophene) poly (styrenesulfonate) [J]. ACS nano, 2010, 4(1): 513-523.

[107] Yao Q, Chen L, Zhang W, et al. Enhanced thermoelectric performance of single-walled carbon nanotubes/polyaniline hybrid nanocomposites[J]. ACS Nano, 2010, 4(4): 2445-2451.

[108] Choi Y, Kim Y, Park S G, et al. Effect of the carbon nanotube type on the thermoelectric properties of CNT/Nafion nanocomposites[J]. Organic electronics, 2011, 12(12): 2120-2125.

[109] Feng B, Xie J, Cao G, et al. Enhanced thermoelectric properties of p-type CoSb$_3$/graphene nanocomposite[J]. Journal of materials chemistry A, 2013, 1(42): 13111-13119.

[110] Zhang T, Jiang J, Xiao Y, et al. In situ precipitation of Te nanoparticles in p-type BiSbTe and the effect on thermoelectric performance[J]. ACS applied materials & interfaces, 2013, 5(8): 3071-3074.

[111] Liu Y, Gao L. A study of the electrical properties of carbon nanotube-NiFe$_2$O$_4$ composites: effect of the surface treatment of the carbon nanotubes[J]. Carbon, 2005, 43(1): 47-52.

[112] 张三慧. 大学物理学[M]. 北京: 清华大学出版社, 1999.

[113] Weider H H. 半导体材料电磁性能参数的测量[M]. 李达汉, 译. 北京: 计量出版社, 1986.

[114] 张小川, 王德平, 姚爱华, 等. Mn$_{0.8}$Zn$_{0.2}$Fe$_2$O$_4$/MgAl-LDHs 复合材料的磁性能和磁热效应[J]. 无机材料学报, 2008, 23(4): 677-682.

[115] 张宁, 吴华强, 冒丽, 等. 微波多元醇法制备单分散 N$_{1-x}$Zn$_x$Fe$_2$O$_4$/MWCNTs 与磁性能[J]. 功能材料, 2012, 18 (43): 2554-2557, 2563.

[116] 张立德. 纳米材料[M]. 北京: 化学工业出版社, 2000.

[117] Zhao L, Gao L. Coating of multi-walled carbon nanotubes with thick layers of tin (IV) oxide[J]. Carbon, 2004, 42(8/9): 1858-1861.

[118] Banfield J F, Welch S A, Zhang H, et al. Aggregation-based crystal growth and microstructure development in natural iron oxyhydroxide biomineralization products[J]. Science, 2000, 289(5480): 751-754.

[119] Nozaki T, Hayashi K, Miyazaki Y, et al. Cation distribution dependence on thermoelectric properties of doped spinel $M_{0.6}Fe_{2.4}O_4$ [J]. Materials transactions, 2012, 53(6): 1164-1168.

[120] 张建花, 郁黎明, 王健, 等. 脉冲电流快速烧结锰锌铁氧体块材[J]. 功能材料, 2007, 38: 993-996.

[121] Perlstein J H. A dislocation model for two-level electron-hopping conductivity in V_2O_5: Implications for catalysis[J]. Journal of solid state chemistry, 1971, 3(2): 217-226.

[122] Nlebedim I C, Levin E M, Prozorov R, et al. Magnetic and thermoelectric properties of cobalt ferrite[J]. IEEE transactions on magnetics, 2013, 49(7): 4269-4272.

[123] Kaur H, Sharma L, Singh S, et al. Enhancement in figure of merit (ZT) by annealing of BiTe nanostructures synthesized by microwave-assisted flash combustion[J]. Journal of electronic materials, 2014, 43(6): 1782-1789.

[124] 袁艳红, 李锋. 层间耦合对多壁碳纳米管电子结构的影响[J]. 吉林大学学报(理学版), 2005, 43(5): 0635- 0637.

[125] 刘兴辉, 朱长纯, 曾凡光, 等. 公度双壁碳纳米管层间耦合对其场发射特性影响的研究[J]. 物理学报, 2006, 55(6): 2830-2837.

[126] 李庆威. 碳纳米管热传导研究[D]. 北京: 清华大学, 2010.

[127] Fujii M, Zhang X, Xie H, et al. Measuring the thermal conductivity of a single carbon nanotube[J]. Physical review letters, 2005, 95(6): 065502.

[128] Yan X H, Xiao Y, Li Z M. Effects of intertube coupling and tube chirality on thermal transport of carbon nanotubes[J]. Journal of applied physics, 2006, 99(12): 124305.

[129] Yao Y, Qin J, Cai Y, et al. Facile synthesis of magnetic $ZnFe_2O_4$-reduced graphene oxide hybrid and its photo-Fenton-like behavior under visible irradiation[J]. Environmental science and pollution research, 2014, 21(12): 7296-7306.

[130] Nozaki T, Hayashi K, Miyazaki Y, et al. Cation distibution dependence on thermoeletric properties of doped spinel $M_{0.6}Fe_{2.4}O_4$ [J]. Materials transactions, 2012, 53(6): 1164-1168.

[131] Liang B, Song Z, Wang M, et al. Fabrication and thermoelectric properties of graphene/Bi_2Te_3 composite materials[J]. Journal of nanomaterials, 2013.

[132] Kajitani T, Nozaki T, Hayashi K. Thermoelectric iron oxides[]. Advances in science and technology, 2010, 74:66-71.

锰锌铁氧体
复合材料制备及应用

[133] Mahmoudi M, Sant S, Wang B, et al. Superparamagnetic iron oxide nanoparticles (SPIONs): development, surface modification and applications in chemotherapy[J]. Advanced drug delivery reviews, 2011, 63(1/2): 24-46.

[134] Hong R Y, Fu H P, Di G Q, et al. Facile route to γ-Fe_2O_3/SiO_2 nanocomposite used as a precuresor of magnetic fluid [J]. Materials chemistry and physics, 2008, 108(1): 132-141.

[135] Hasmonay E, Depeyrot J, Sousa M H, et al. Magnetic and optical properties of ionic ferrofluids based on nickel ferrite nanoparticles[J]. Journal of applied physics, 2000, 88(11): 6628-6635.

[136] Moumen N, Bonville P, Pileni M P. Control of the size of cobalt ferrite magnetic fluids: Mössbauer spectroscopy[J]. The journal of physical chemistry, 1996, 100(34): 14410-14416.

[137] Kumar C S S R, Mohammad F. Magnetic nanomaterials for hyperthermia-based therapy and controlled drug delivery[J]. Advanced drug delivery reviews, 2011, 63(9): 789-808.

[138] Thanh N T K, Green L A W. Functionalisation of nanoparticles for biomedical applications[J]. Nano today, 2010, 5(3): 213-230.

[139] 孙晓宁. 碘化油磁流体纳米颗粒的制备及其在肿瘤热疗中的应用[D]. 济南: 山东大学, 2016.

[140] Mahmoudi M, Simchi A, Imani M. Recent advances in surface engineering of superparamagnetic iron oxide nanoparticles for biomedical applications[J]. Journal of the Iranian Chemical Society, 2010, 7(2): S1-S27.

[141] Shubayev V I, Pisanic II T R, Jin S. Magnetic nanoparticles for theragnostics[J]. Advanced drug delivery reviews, 2009, 61(6): 467-477.

[142] Zaidan A, Ilhami F, Fahmi M Z, et al. Folate receptor mediated in vivo targeted delivery of human serum albumin coated manganese ferrite magnetic nanoparticles to cancer cells [J]. Journal of physics: conference series. IOP Publishing, 2017, 853(1): 012048.

[143] Hanini A, Kacem K, Gavard J, et al. Ferrite nanoparticles for cancer hyperthermia therapy[M]// Handbook of nanomaterials for industrial applications. Elsevier, 2018: 638-661.

[144] Das A, De D, Ghosh A, et al. DNA engineered magnetically tuned cobalt ferrite for hyperthermia application[J]. Journal of magnetism and magnetic materials, 2019, 475: 787-793.

[145] Settecase F, Sussman M S, Roberts T P L. A new temperature-sensitive contrast mechanism for MRI: Curie temperature transition-based imaging[J]. Contrast media & molecular imaging, 2007, 2(1): 50-54.

[146] Shi L, He Y, Hu Y, et al. Thermophysical properties of Fe_3O_4@CNT nanofluid and controllable heat transfer performance under magnetic field[J]. Energy conversion and management, 2018, 177: 249-257.

[147] Kletetschka G, Inoue Y, Lindauer J, et al. Magnetic tunneling with CNT-based metamaterial [J]. Scientific reports, 2019, 9: 2551.

[148] Li H, Sun X, Li Y, et al. Preparation and properties of carbon nanotube (Fe)/hydroxyapatite composite as magnetic targeted drug delivery carrier[J]. Materials science and engineering: C, 2019, 97: 222-229.

[149] Hong M, Su Y, Zhou C, et al. Scalable synthesis of γ-Fe_2O_3/CNT composite as high-performance anode material for lithium-ion batteries[J]. Journal of alloys and compounds, 2019, 770: 116-124.

锰锌铁氧体
复合材料制备及应用